Welpenerziehung

Mein erster Hund

Das große Welpen Buch für alle Hunderassen
– Hunde verstehen durch Hundeerziehung,
Hundetraining und Hunde Psychologie –
Das ideale Hunde Buch für Anfänger!

Sarah Löwenstein

Bibliografische Information der Deutschen Nationalbibliothek.
Die Deutsche Nationalbibliothek verzeichnet diese Publikation in der Deutschen Nationalbibliografie; detaillierte bibliografische Daten sind im Internet über http://dnb.dnb.de abrufbar.

Für Fragen und Anregungen:

info@eulogiaverlag.de

ISBN: 978-3-96967-159-7

Originale Erstausgabe 2022

Eulogia Verlags GmbH
Gänsemarkt 43
20354 Hamburg

Lektorat: Matthias Kramer
Satz und Layout: Tomasz Debowski
Umschlaggestaltung: Aleksandar Petrović

Welpenerziehung

Mein erster Hund

EULOGIA
VERLAG

Inhaltverzeichnis

Vorwort

Noch ein Hundebuch?

Es gibt unzählige Bücher über Hunde, über Welpen und über deren Erziehung! Und einige sind wirklich richtig gut! Warum also noch ein Ratgeber?

Ganz einfach: Die meisten Menschen, die sich mit der Erziehung ihres Hundes beschäftigen, machen erst einmal schon sehr viel richtig! Sie sind bemüht, Probleme zu lösen und ihren Hund gut zu erziehen, sie eignen sich Wissen an und besuchen vielleicht eine Hundeschule.

Und doch gelingt es dann oft nicht so recht.

Nicht, weil es an Motivation und Einsatz mangelt. Sondern, weil ein Grundgerüst fehlt: ein grundsätzliches Verständnis für das Zusammenleben von Mensch und Hund. Das Wissen darüber, dass Hundeerziehung vielen Einflüssen unterliegt und dass wir auf diese Einflüsse umgekehrt ebenfalls einwirken können. Hundeerziehung ist etwas Ganzheitliches. Sie betrifft den Hund mit all seinen Eigenschaften, ebenso wie den Menschen, der wiederum seinerseits Erwartungen und Wünsche hat. Hundeerziehung bedeutet auch, die eigenen Grenzen und die des Hundes zu kennen und aufgrund des Wissens, das man sich angeeignet hat, handlungsfähig zu sein und zu bleiben. Dass hierzu weitaus mehr als „Sitz“ und „Platz“ gehören, das wird leider oft vergessen.

Dieses Buch versucht daher nicht, Sie von einer Methode zu überzeugen oder Ihnen einen stringenten Ratgeber an die Hand zu geben, den Sie dann wie einen schlecht passenden Hut über Ihren Welpen stülpen dürfen. Denn Menschen und Hunde sind, ebenso wie deren Lebenssituationen, sehr unterschiedlich! Mein Ziel ist es vielmehr, Ihnen auf Basis eines unheimlich weitreichenden theoretischen und praktischen Erfahrungs- und Wissensfundus einen kleinen Schatz mit an die Hand zu geben, der all das Grundwissen vereint, das Sie zur Welpenerziehung benötigen. Denn genau hier liegt der sprichwörtliche Hase im Pfeffer:

Nach vielen Jahren der praktischen und theoretischen Arbeit mit Hunden und deren Besitzern, nach unzähligen Trainingsstunden und dem Begleiten unterschiedlichster Mensch-Hund-Konstellationen sowie derer individuellen Problemstellungen, erlaube ich mir ein Resümee:

Wenn alle, wirklich alle, die einen Welpen bei sich aufnehmen möchten, von Beginn an einige Weichen richtig stellen und das Lebewesen „Hund" ein kleines bisschen besser verstehen würden, so hätten wir Hundetrainer weitaus weniger Arbeit – und das wäre in dieser Hinsicht wirklich schön! Viele Probleme entstehen dadurch, dass sich schon in den ersten Tagen und Wochen Fehler einschleichen, die so einfach vermeidbar gewesen wären.

Nicht selten haben wir es dann später mit jungen Hunden zu tun, deren Erziehung bereits früh aus dem Ruder lief und die nun schwierige oder störende Verhaltensweisen zeigen, welche schlichtweg vermeidbar gewesen wären. Aggressives Verhalten an der Leine, Probleme mit einfachen Grundkommandos und das Ignorieren von Rückruf und Verbotsworten, manchmal sogar aggressives Verhalten gegenüber der eigenen Familie – in den meisten Fällen hätte der Besitzer das Ruder früh herumreißen und Schlimmeres verhindern können. Dann hätten wir in den Hundeschulen vor allem mit Beschäftigungsangeboten und Freizeitaktivitäten für Mensch und Hund zu tun – und weitaus weniger mit Problemfällen. Eine schöne Vorstellung.

Einen kleinen Beitrag zum Erreichen dieses Ziels möchte ich mit diesem Buch leisten. Damit Sie und Ihr Hund sich verstehen – von Anfang an! Denn wenn wir bei den Welpen ansetzen und diese kleinen, noch so formbaren und entdeckungsfreudigen Wesen auf ihrem Weg liebevoll, konsequent und mit etwas Wissen in der Hinterhand begleiten, dann gelingt es uns auch, ein tolles Zusammenleben mit ihnen zu erreichen!

Mit dem Beachten einiger simpler Regeln, mit grundlegendem Wissen über Kommunikation und mit dem Gestalten einer vertrauensvollen und stabilen Mensch-Hund-Beziehung wäre den meisten bereits geholfen.

Dann, wenn Hundebesitzer wissen, wie sie schon jetzt handeln und was sie beachten sollten, macht Hundetraining Spaß!

Dann können wir Herausforderungen sportlich nehmen, wissen, wie wir in schwierigen Situationen souverän reagieren können und fühlen uns jederzeit handlungsfähig. Und so wird aus einem kleinen, verspielten, lustigen Fellball schon bald ein erwachsener Hund, der uns im Alltag begleiten und als verlässlicher Freund und Begleiter fungieren kann.

Der Kurs zum Buch

Schon lange habe ich mich gefragt, ob und wie es möglich ist, frischgebackenen Welpenhaltern eine besonders effektive und effiziente Trainingshilfe mit an die Hand zu geben, die sowohl alltagstauglich als auch gut verständlich und praktikabel ist!

Ein Konzept, das mehr bietet als das wöchentlich einmalig stattfindende Treffen in der Gruppe, gleichzeitig perfekt in den Alltag integrierbar ist und auch dann zur Verfügung steht, wenn wir gerade nicht gemeinsam in der Hundeschule stehen und miteinander sprechen können. Über die Zeit hinweg ist mir klar geworden, dass es zwar keinen Ersatz für das Stattfinden von gemeinsamen Gruppenstunden gibt, wohl aber etwas, das all die Lücken füllt, die eine normale Hundeschule eben mit sich bringt:

Die Zeit in jeder Stunde ist begrenzt, nicht immer werden alle Fragen beantwortet. Und wenn Mensch und Hund wieder auf sich

gestellt zu Hause sind, fehlen konkrete Handlungskonzepte und Trainingshilfen.

Aber genau dort benötigen wir diese Hilfen: zu Hause und auf dem Spaziergang! Alles in diesem Buch Genannte sowie viele darüberhinausgehende Übungen finden Sie daher im Online-Kurs – jederzeit und von überall aus abrufbar!

Über 450 Minuten Videomaterial, konkrete Beispiele, genaue Anleitungen – und vor allem: Alles, was Sie für sich und Ihren Hund wissen müssen, wenn Sie Ihren Hund verstehen und eine vertrauensvolle Beziehung aufbauen möchten. Denn hier lernen Sie nicht nur Kommandos, sondern vor allem auch, wie Sie die Beziehung mit Ihrem Hund aktiv gestalten und so gemeinsam zum unschlagbaren Team werden.

Sichern Sie sich zudem den **20%-Gutschein für unsere Kunden**: Wer dieses Buch kauft und den entsprechenden Nachweis als Scan oder Foto bei der Online-Hundeschule einreicht, erhält als Dankeschön einen Gutscheincode per E-Mail!

So geht's:

Entweder scannen Sie den hier hinterlegten QR-Code – oder Sie besuchen direkt die Seite *https://www.die-online-hundeschule.de/deine-online-welpenschule/*.

Dort können Sie den Kurs zum Buch einfach mit wenigen Klicks kaufen.

Senden Sie über die dort hinterlegten Kontaktdaten außerdem Ihre Rechnung für das Buch mit ein, erhalten Sie den 20%-Preisnachlass!

Einleitung

Wahrscheinlich halten Sie dieses Buch in den Händen, weil Sie entweder einen Welpen haben oder aber planen, bald einen bei sich aufzunehmen.

Herzlichen Glückwunsch! Auf Sie wartet eine spannende Zeit! Selbst für erfahrene Hundehalter ist der Einzug eines Welpen immer wieder aufs Neue eine kleine Achterbahnfahrt, denn so junge, quirlige Hunde halten uns ganz schön auf Trab und bringen gleichzeitig jede Menge Spaß ins Haus!

Umso wichtiger ist es, dass sich frischgebackene – oder werdende – Welpenbesitzer frühzeitig informieren und so von vornherein dafür sorgen, dass die Aufzucht und Erziehung des Hundes vor allem Freude bereitet – und wenig Frust. Denn auch letzteren können wir nicht ganz verhindern ... Aber mit einigen Tricks und Kniffen sowie dem notwendigen Fachwissen werden Sie es ganz sicher schaffen, eine wunderbare Beziehung aufzubauen und obendrein auch noch zu erreichen, dass Ihr Welpe sich als erwachsener Hund gut zu benehmen weiß und ein angenehmer Alltagsbegleiter wird.

Leider ist es in unserer Gesellschaft mittlerweile so, dass viele Ersthundebesitzer es nicht ganz einfach finden, sich im Dschungel der Erziehungsratgeber richtig zurechtzufinden. Es kursiert viel Halbwissen – und fast jeder hat eine ganz eigene Meinung zu der gesamten Thematik. Nicht selten aber fehlt dieser eigenen Meinung die wissenschaftliche Grundlage. Wir wissen heute unglaublich viel über Hunde und ihre Vorfahren, die Wölfe. Informationsbeschaffung war nie leichter!

Und dennoch – oder gerade deswegen – steht mancher ratlos vor seinem Welpen und fragt sich, ob das, was er tut, denn nun eigentlich richtig oder falsch sei. Ob es wohl okay ist, sich auch mal „durchzusetzen", oder ob unser Welpe hierdurch einen psychischen Schaden erleiden wird? Ob es richtig ist, mit Leckerchen zu arbeiten? Oder lieber doch nicht? Sind Bälle eigentlich noch erlaubt? Und darf man das Wort „Bestrafung" überhaupt noch in den Mund nehmen, wo doch alle Welt von Belohnungen und vom Klickern spricht?

Wenn Sie sich bereits ein wenig informiert haben, dann wird Ihnen vielleicht aufgefallen sein, dass viel mit Begriffen wie der „gewaltfreien Erziehung" oder „positiver Verstärkung" gearbeitet wird. Das Wunschbild der Menschen ist dann oft, dass wir eine nahezu partnerschaftliche Beziehung mit dem Hund pflegen. Der Hund soll uns verstehen und die Dinge gerne für uns tun. Demgegenüber werden Sie vielleicht von Worten wie „Dominanz" gehört haben. Davon, dass ein dominanter Hund unterworfen werden müsse und dass wir uns als „Alpha" darzustellen hätten. Hier erscheint es dann eher, als habe der Mensch Angst, sein Welpe könne eines Tages die Weltherrschaft an sich reißen. Aus diesem Grund solle man ihn, so scheint es, am besten von vornherein unterdrücken, so gut es geht!

Es gibt also zwei Extreme. Und beiden werden Sie vielleicht begegnen. Seien Sie beruhigt: Mit etwas gesundem Menschenverstand und ein bisschen Fachwissen haben Sie die Nase vorn und können sich selbst ein Bild von der Lage machen. Denn jeder Welpe ist anders und jeder Mensch hat seine eigenen Vorstellungen und Wünsche. Dieses Buch ist daher kein klassischer Welpenratgeber, der Ihnen einen Fahrplan für „jeden Hund" an die Hand gibt. In diesem Buch geht es um viel mehr: Ich werde Ihnen erklären, warum weder diejenigen, die Bestrafungen ablehnen, noch diejenigen, die sich stets als Alphatiere präsentieren wollen, vollkommen falsch liegen. Falsch liegt nur, wer seinem Hund tatsächlich schadet oder aber meint, es gebe lediglich einen Weg.

Finden Sie heraus, wie Sie Ihren eigenen Welpen am besten einschätzen und ihm und sich selbst eine großartige Zukunft bereiten können! Wenn Sie die Aspekte, die wir hier besprechen, wirklich beachten, gehören Sie bereits zu einer kleinen Zahl Hundehalter, die in der Lage ist, Welpenerziehung in ihrer Ganzheitlichkeit zu erfassen. Denn es geht keineswegs nur um Belohnung und Strafe.

Zu Beginn werden wir daher die vier Säulen erfolgreicher Welpenerziehung besprechen. Hier finden Sie Expertenwissen, kompakt heruntergebrochen auf die notwendigen Informationen, die Ihnen helfen, Ihren Welpen besser einschätzen zu können und Erziehungsziele festzulegen. Wenn Sie diese Infos verinnerlicht haben, dann können Sie im nächsten Schritt zum Praxisteil übergehen. Dieser beinhaltet alles, was Sie vor und nach dem Einzug des Welpen beachten sollten. Außerdem finden Sie die wichtigsten Übungen und Kommandos, die Ihr Welpe in den ersten Wochen bei Ihnen absolvieren kann.

Zunächst möchte ich aber gerne einmal kurz darlegen, warum die Erziehung von Welpen einen so unfassbar wichtigen Stellenwert einnimmt!

Was Hänschen nicht lernt ...?

Auch Hans kann lernen, das ist ganz klar! Denn Hunde lernen ein Leben lang. Dennoch ist es so, dass Hänschen nun einmal besser, tiefgreifender und schneller lernt. Ob der Hund nun das „Sitz" schon mit 9 Wochen oder erst mit 9 Monaten kann, ist dabei nicht wirklich ausschlaggebend für das Zusammenleben. Vielmehr ist es wichtig, zu verstehen, dass Hänschen noch eine ganze Menge anderer wichtiger Dinge lernt und lernen muss, fernab von Kommandos.

Im später folgenden Theorieteil zum Thema „Lernen" werden Sie eine Idee davon bekommen, was genau hiermit gemeint ist. An dieser Stelle sei nur gesagt, dass es in der Hundeerziehung ganz viel darum geht, dass Welpen frühzeitig lernen, mit Alltagssituationen, Artgenossen, Menschen, anderen Tieren und Geräuschen zurechtzukommen. Es gibt wahnsinnig viel zu entdecken und die Erfahrungen, die der kleine Knirps zu Beginn seines Lebens macht, hinterlassen tiefgreifende Spuren.

Wer also diese Zeit effizient (nicht exzessiv, Welpen brauchen nämlich auch viele, viele Pausen) nutzt, der hat gute Chancen darauf, dass sein erwachsener Hund sich später sicher und souverän durch seine Umwelt bewegt und keine großen Probleme bereitet. Wenn wir diese Zeit aber verpassen oder der Welpe ungünstige Lernerfahrungen macht, so hat dies ebenfalls einen lebenslangen Einfluss. Auch dann, wenn Hans noch ein paar Dinge lernen kann. Er wird nie wieder so viel von seiner Umwelt und von unseren Erziehungsbemühungen „aufsaugen“ wie in den ersten Monaten seines Lebens.

Es lohnt sich also, mitzudenken und schon bald nach Einzug des Welpen loszulegen mit all den Übungen, die für Ihr späteres Zusammenleben wichtig sind! Nicht jeder Hund muss Pfötchen geben können. Aber jeder Hund sollte in der Lage sein, brav an der Leine zu laufen und auf Kommando zurückzukommen sowie sich angemessen gegenüber Artgenossen, Menschen und seiner restlichen Umwelt zu verhalten. Legen Sie die Grundsteine für all dies schon jetzt – und ernten Sie die Früchte allerspätestens nach der Pubertät, auf die wir später noch zu sprechen kommen werden.

Die vier Säulen erfolgreicher Welpenerziehung

Wenn wir von Welpen- oder Hundeerziehung sprechen, so haben wir zumeist ein gewisses Bild vor Augen: Mithilfe verschiedener Techniken und Methoden soll unser Hund etwas lernen. Oft sprechen wir dabei von Kommandos wie “Sitz”, “Platz” oder “Fuß”.

Aber ist das wirklich der Kern der Erziehung?

Kommandos lernen Welpen unterschiedlich schnell. Sie können uns den Alltag sehr erleichtern, sind aber in der Regel nicht das, was den wesentlichen Teil der Hundeerziehung bzw. den Einfluss auf den Erfolg unserer Erziehungsversuche ausmacht.

Welpenerziehung – oder Hundeerziehung im Allgemeinen – unterliegt unterschiedlichsten Einflussfaktoren. Die meisten Hundehalter wünschen sich eine glückliche und harmonische Mensch-Hund-Beziehung, in der sich Mensch und Tier verstehen und einander vertrauen. Um dies zu erreichen, ist es wichtig, die vier Säulen einer erfolgreichen Welpenerziehung zu kennen.

Denn dieses einfache, umfassende Konzept beinhaltet nahezu alles, was sowohl Neulinge und Ersthundebesitzer als auch erfahrene alte Hasen wissen müssen! Wenn Sie diese Punkte verinnerlichen und in Ihre Bemühungen mit einbeziehen, sind Sie vielleicht sogar Ihrem Hundetrainer eine kleine Nasenlänge voraus – je nachdem, wie dieser arbeitet.

Wir unterscheiden zwischen vier unterschiedlichen Säulen, welche die grundlegenden Einflussfaktoren auf unsere Hundeerziehung beinhalten:

1. Rahmenbedingungen
2. Lernen
3. Kommunikation
4. Mensch-Hund-Beziehung

Alle vier Säulen haben gleichermaßen Einfluss auf den Erfolg oder Misserfolg unserer Erziehung. Alle wichtigen Details zu jedem einzelnen Teilbereich erfahren Sie in den folgenden Abschnitten.

Die Rahmenbedingungen

Die Rahmenbedingungen sind der einzige Bestandteil unserer vier Säulen, auf den wir nicht oder nur bedingt Einfluss haben.

Es ist absolut essenziell, sich der Rahmenbedingungen bewusst zu sein! Denn sie stellen, wie das Wort bereits sagt, den Rahmen dar, innerhalb dessen wir die Erziehung stattfinden lassen. Sie haben einen enormen Einfluss darauf, wie der Welpe erzogen werden sollte und welche Bestandteile der Hundeerziehung für Sie und Ihren Welpen überhaupt wirklich wichtig sind!

Zu den Rahmenbedingungen gehören alle Dinge, die wir nicht oder nur bedingt verändern können:

1. Die bisherige Lebenssituation und Vorerfahrungen des Welpen (Woher stammt er und was hat er dort erlebt?)
2. Genetische Disposition (Was für eine Rasse oder was für einen Mischling habe ich?)
3. Die Umwelt (Wohnort, Familiensituation, Geräuschkulisse ...)
4. Der Mensch (unsere eigenen Erwartungen und Wünsche an den Hund)

Was das im konkreten Fall bedeutet, klären wir im Folgenden:

1. Die bisherige Lebenssituation des Welpen:

Die Sozialisierungsphase, in der Welpen möglichst viel kennenlernen sollten, beginnt um die dritte bis vierte Lebenswoche und dauert in etwa bis zur 16. Lebenswoche an. Bei manchen Rassen ist sie schon früher abgeschlossen, andere entwickeln sich eher langsam. Bei Mischlingen und Tierschutz-Welpen unbekannter Herkunft und unbekannten Alters ist es individuell verschieden.

Ganz klar ist aber, dass bei jedem Welpen, der in sein neues Zuhause kommt, bereits ein nicht unbeträchtlicher Teil dieser Phase stattgefunden hat! Je nachdem, wo unser Welpe zuvor gelebt hat, sollten wir also bedenken, dass er das eine oder andere verpasst haben könnte.

Welpen von guten Züchtern sind meistens recht gut vorbereitet und haben schon viele Geräusche, andere Tiere und Kinder kennengelernt. Wenn Ihr Hund aus dem Tierschutz kommt und vielleicht auch schon älter als 16 Wochen ist, könnte es sein, dass Sie etwas mehr Geduld mit ihm brauchen werden, um ihn an Neues zu gewöhnen. Auch Welpen von Bauernhöfen kennen manchmal noch nicht allzu viel, weil sie die meiste Zeit auf dem Hof verbracht haben.

Da die meisten Welpen zwischen der 8. und 12. Lebenswoche den Besitzer wechseln und in ihr neues Zuhause einziehen, haben wir hier noch ausreichend Spielraum und Aufholzeit!

Es ist aber sinnvoll, zu wissen, dass ein junger Hund, der mitunter einen größeren Teil dieser Sozialisierungsphase isoliert oder ohne Menschenkontakt verbracht hat, möglicherweise auch Defizite mitbringt, die schwerer auszugleichen sind.

Beispiele

Ihr Hund kommt von einem Tierschutzverein und hat bisher noch nicht viele Menschen kennengelernt. Außerdem war er vielleicht noch nie in einem Haus und konnte deswegen auch noch keine Idee davon bekommen, dass es in Häusern viele komische Geräusche gibt (Staubsauger, Töpfe etc.). Vielleicht sind ihm auch Autos, wehende Fahnen, Fahrräder und andere Dinge noch fremd. Vielleicht auch nicht, denn auch hier gibt es natürlich ganz unterschiedliche Vorerfahrungen, je nachdem woher Ihr Tierschutzwelpe stammt, wie er es dort empfunden hat und wie lange er an diesem Ort war.

Daraus folgt aber unter Umständen, dass dieser Welpe erst einmal ein paar Tage braucht, um die grundlegenden Dinge zu lernen und sich an Alltagsgeräusche und -gegenstände zu gewöhnen. Dabei sollten wir ihm die Zeit geben, die er braucht, ihn aber gleichzeitig nicht zu sehr trösten und „betüddeln". Indem wir selbst Gelassenheit ausstrahlen und den Welpen nicht bemitleiden, lernt er, dass all diese Dinge in Häusern ganz normal sind und keine Bedrohung darstellen.

Ein gegenteiliges Beispiel sind Welpen, die bei einem verantwortungsvollen Züchter aufgewachsen sind. Hier wird in der Regel Wert daraufgelegt, dass die kleinen Hunde von Anfang an gut vorbereitet werden. Oft kennen sie bereits laute Geräusche, Kindergeschrei, andere Tiere etc. Manchmal hatten sie die Möglichkeit, eigenständig rein- und rauszugehen, was manchmal dazu führt, dass wir einen Welpen bekommen, der schon beinahe stubenrein ist, weil er automatisch den Weg nach draußen suchen will, um sich zu lösen.

Je nachdem, woher Ihr Welpe also stammt und was er bereits kennt, sollten Sie Ihr anfängliches Pensum daran anpassen und den Kleinen im neuen Zuhause stets fordern, aber nicht überfordern. Hierzu an späterer Stelle mehr.

2. Genetische Disposition

Ich stelle in meiner Arbeit immer wieder fest, dass leider auch in Hundeschulen und -vereinen manchmal vergessen wird, mit den Hundebesitzern über die Rolle der genetischen Disposition zu sprechen.

Aber was bedeutet das überhaupt?

Die genetische Disposition beschreibt die durch das Erbgut bestimmte Veranlagung zur Weitergabe bestimmter Merkmale an die nächste Generation. Mit anderen Worten: Wenn meine Eltern das Erbgut für blonde Haare in sich tragen, besteht eine gewisse Wahrscheinlichkeit dafür, dass auch ich blonde Haare bekommen könnte. Nun sind diese Erbgänge viel komplexer, als wir hier in ein paar Zeilen anschneiden können. Dies ändert aber nichts daran, dass die Gene unserer Vorfahren auch bei uns wieder phänotypisch – also sichtbar – zum Vorschein kommen können, sofern sie weitergegeben wurden.

Jetzt ist es so, dass unsere Hunderassen aber nicht nur die genetische Veranlagung für die Ausprägung bestimmter optischer Merkmale mit sich bringen, sondern noch einiges mehr! Ein großer Teil unserer Rassen sollte ursprünglich nicht nur dekorative Zwecke erfüllen, sondern hatte eine Funktion! Und diese Funktion findet sich bei sehr vielen Hunden auch heute noch im Verhalten, denn auch das Potenzial zur Entwicklung bestimmter Verhaltensweisen ist Erbsache:

Besonders bekannte Beispiele hierfür sind etwa Herdenschutzhunde. Ihre ursprüngliche Aufgabe ist es, ihre Herde zu bewachen und eigene Entscheidungen darüber zu treffen, wer sich nähern darf und wer nicht. Herdenschutzhunde sind sehr eigenständig. Es ist also nicht so einfach, ihnen beizubringen, auf den Menschen zu hören und Kommandos auszuführen. Dafür haben sie in der Regel ein automatisches Misstrauen Fremden gegenüber "vorinstalliert", das sich spätestens dann unangenehm bemerkbar macht, wenn der als Familienhund angedachte Kangal (Türkischer Herdenschutzhund) den eigentlich gerne gesehenen Besuch partout nicht mehr ins Haus lässt

Ein anderes Beispiel sind Hütehunde: Sie sollen Schafe oder Rinder in der Regel nicht etwa schützen, sondern lenken oder an bestimmten Stellen halten. Da sich diese Tiere natürlich bewegen und der Hund auf die Bewegungen blitzschnell reagieren muss, sind die meisten Hütehunde außerordentlich begeisterungsfähig, was jede Form von Bewegungsreizen angeht. Außerdem arbeiten sie meistens sehr gut mit dem Menschen zusammen und lernen schnell Tricks und Kommandos – denn für das Hüten ist eine enge Kommunikation mit dem Schäfer absolut notwendig.

Problematisch wird es aber, wenn wir unseren Hütehund-Welpen von Anfang an mit Ballspielen, Stöckchenwerfen oder ähnlichen Tätigkeiten darin bestärken, schnellen Bewegungen nachzulaufen. Denn ein Hund, der dies schon von Natur aus gerne tut, kann sich auf diese Weise schnell in ein solches Verhalten hineinsteigern. Nicht wenige haben schon Bekanntschaft mit dem Hütegriff – also dem kurzen Schnappen eines solchen Hundes – gemacht, weil der Hund nicht gelernt hat, dass er im Alltag eben nicht seiner Bestimmung nachgehen und dementsprechend auch nichts hüten soll.

Jagdhunde haben ganz unterschiedliche Aufgaben – einige von ihnen sollen vor allem Wild aufspüren, andere apportieren, wieder andere lassen sich auf einen offenen Kampf mit einem Fuchs in dessen Bau ein! Es erscheint nur logisch, dass sich diese Verhaltensweisen auch bei privater Haltung zeigen können. Ein Jagdterrier hat, obwohl er um ein Vielfaches weniger Kampfgewicht auf die Waage bringt, keinen Schneid, sich mit einer ausgewachsenen Wildsau anzulegen. Ich finde Jagdterrier sehr sympathisch. Aber sind sie das auch dann noch, wenn sie ihren Kampfgeist im Privathaushalt zeigen?

Nicht zuletzt sind auch Tierschutzwelpen kein unbeschriebenes Blatt, wenn es um die Genetik geht. Nur haben wir es hier häufiger mit Überraschungstüten zu tun, bei denen sich erst später zeigt, was genau in den kleinen Hunden "drin" steckt. Hinweise können aber die optische Erscheinung, die Eltern (falls bekannt) und das Herkunftsland geben. In Rumänien zum Beispiel gibt es nur wenige Hunderassen im eigentlichen Sinne, wohl aber Hunde eines bestimmten Typus: Diese Hunde gehen dann häufig zurück auf Herdenschutz- oder Wachhunde, sodass Welpen aus Rumänien nicht selten auch deren Eigenschaften mitbringen. Dies sei vor allem dann zu bedenken, wenn Hunde über das Internet bei Tierschutzorganisationen gekauft werden – häufig kommt es vor, dass wir hier vor großen Herausforderungen stehen, wenn der niedliche kleine „Labrador-Mix“ (der meist kein solcher ist) irgendwann beginnt, seinen ursprünglichen Verwendungszweck zu zeigen.

Dies ist nur ein kleiner Einblick in das, was unter dem Punkt "Genetik" gefasst werden kann. Es geht noch sehr viel weiter und über jede einzelne Rasse könnte ein Buch geschrieben werden, ebenso wie über unterschiedliche Hundetypen aus allen Herrgottsländern. Von "Hundetypen" sprechen wir übrigens, wenn es sich nicht um eine Rasse im eigentlichen Sinne handelt, die Hunde aber ähnliche Eigenschaften mitbringen.

Konkret für die Überlegungen frischgebackener Welpenbesitzer bedeutet das:

Es macht großen Sinn, sich über die jeweiligen Rasseeigenschaften zu informieren und abzugleichen, ob diese auch mit den eigenen Erwartungen übereinstimmen. Gleichzeitig sollten wir uns schon ganz früh klar machen, dass es für jeden Hund, der aufgrund seiner Abstammung zu bestimmten Verhaltensweisen neigt, oft gut ist, genau das Gegenteil zu lernen!

Wer den Hütehund vom ersten Tag an darin bestärkt, sich bewegenden Gegenständen hinterherzurennen und den Herdenschutzhund nicht an Besucher gewöhnt (und daran, dem Menschen die Entscheidung über den Eintritt zu überlassen), der weckt mitunter schlafende Hunde(-Eigenschaften), die ihm später unangenehm auf die Füße fallen. Wer aber genau diese genetischen Potenziale nicht extra fördert, erweitert dagegen die Handlungsmöglichkeiten des Hundes und tut ihm damit etwas Gutes.

Beispiele:

Schäferhunde sind oft nervös und aufgeregt – sie sollten von Beginn an beigebracht bekommen, Ruhe zu halten. Ihnen tut es gut, schon als Welpe zu lernen, neben fliegenden Bällen und schreienden Kindern gelassen bleiben zu können. So meistern sie als erwachsene Hunde ihren Alltag viel besser und können sich auch in schwierigen Situationen schneller wieder beruhigen.

Hunderassen, die Fremden gegenüber eher misstrauisch oder reserviert sind, sollten von Beginn an viel positiven Kontakt zu verschiedenen Menschen haben dürfen. Sie sollten aber auch schon als Welpe lernen, wenn Besuch kommt, nicht als Erster zur Tür zu rennen, sondern die Begrüßung erst einmal den Menschen zu überlassen. So schaffen sie es später tendenziell besser, mit Besuchssituationen zurechtzukommen und sich nicht etwa für die Einlasskontrolle verantwortlich zu fühlen.

Ein Jack Russel Terrier, der ohnehin jede Menge Kampfgeist mitbringt, sollte nicht zusätzlich durch endlos lange Zerrspiele darin bestärkt werden, sich knurrend in Dinge zu verbeißen. Zwar kann man einen Zergel oder ein anderes Zerrspielzeug für das Beibringen des "Aus" verwenden, jedoch hat hier das "Aus" den größeren Stellenwert – wenn der Terrier sich so sehr hineinsteigert, dass er das Zergel nicht mehr loslassen möchte, dann ist dieses Spiel für Ihre Konstellation ungeeignet! Stattdessen können wir den frechen Knirps mit Suchspielen, Tricks und Ähnlichem beschäftigen, um seinen Geist zu fordern und seinem cleveren Kopf gerecht zu werden.

Mein Tipp an Sie:

Lesen Sie, wenn Sie eine bestimmte Hunderasse haben möchten, die Rassebeschreibungen sorgfältig und überlegen Sie sich, ob die Eigenschaften für Ihr Leben und Ihren Alltag gut und passend sind. Kontaktieren Sie, wenn Sie sich unsicher sind, einen guten Trainer vor Ort, der sich Ihren Welpen einmal genauer ansieht oder Sie hinsichtlich der Auswahl berät. Entscheiden Sie dann, welche Verhaltensweisen Sie Ihrem Hund beibringen – und welche Sie vielleicht doch lieber nicht fördern möchten! Denn spätestens, wenn Sie das nächste Mal einen 40 kg schweren Schäferhund an der Leine ausflippen oder angesichts fußballspielender Kinder unangenehm starren und fiepen sehen, erinnern Sie sich vielleicht an diese Zeilen. Solche Situationen sind gefährlich und lassen sich ganz prima vermeiden, indem wir solche Verhaltensweisen ganz einfach nicht forcieren und stattdessen unsere Welpen darin bestärken, Lernerfahrungen zu machen, die ihnen helfen – und sie nicht noch weiter in ein Hineinsteigern in ihre ohnehin vorhandenen genetisch festgelegten Talente hineintreiben.

3. Die Umwelt

Die Umwelt, in der sich Ihr Welpe befindet, wenn er bei Ihnen eingezogen ist, ist ebenfalls maßgeblich für die Welpenerziehung.

Wir sollten uns daher folgende Fragen stellen:

- Welche Besonderheiten bringt unsere Umgebung mit sich? (Wälder, viele Wildtiere, Stadt mit lauten Geräuschen, leicht erreichbare Auslaufgebiete, Leinenpflichten, Gewässer, Kindergarten in der Nachbarschaft ...)
- Welche Gegebenheiten liegen bei uns zu Hause vor? (Großer Garten? Viele Besucher? Unruhe? Kinder? Rückzugsmöglichkeiten für den Hund? Andere Tiere im Haushalt?)
- Welche Eigenschaften sollte mein Hund aufgrund dieser Umweltbedingungen haben? Welche Dinge sollte er zusätzlich lernen?

Es erscheint nur logisch, dass ein Welpe, der auf dem Land aufwächst, andere Erfahrungen macht als ein Welpe, der in der Stadt wohnt! Vielleicht wird der Dorfhund eher an Pferde, Katzen, Hühner und andere Tiere gewöhnt sein, weil er diese Tiere aus seiner Umgebung kennt. Ein Stadtwelpe kommt dafür später tendenziell besser mit trubeligen Situationen und lauten Geräuschen zurecht, weiß aber vielleicht nicht recht, wie er auf Pferde reagieren soll.

Der Welpe, der auf dem Land wohnt und jeden Tag im Wald spazieren geht, wird aber auch schneller in Verleitung kommen, jagen zu gehen, weil es hier mehr Möglichkeiten dafür gibt. Demgegenüber wird der Besitzer eines Welpen in der Stadt vor einer gewissen Herausforderung stehen, wenn sein Hund einer Rasse angehört, die viel Platz und Freilauf benötigt, aber in einem Gebiet mit Leinenpflicht aufwächst.

Unsere Umwelt bestimmt also zum einen, was der Welpe innerhalb derselben kennenlernen wird – zum anderen aber auch, was er verpasst oder wo besondere Schwierigkeiten in der Haltung entstehen könnten.

Beispiele:

Wenn ich eher isoliert wohne und wenig fremde Menschen und andere Hunde treffe, sollte ich insbesondere während des Welpenalters dringend dafür sorgen, dass mein Hund Sozialkontakt bekommt. Denn in dieser frühen Lebensphase finden Lernprozesse in einer Intensität und Geschwindigkeit statt, die wir uns kaum vorstellen können. Und auch, wenn Hunde ein Leben lang lernen, so sind die Erfahrungen aus der Welpenzeit grundlegend für die gesamte Lebensspanne unserer Vierbeiner! Wer also sehr ruhig lebt, sollte gezielt Stadtbesuche machen, andere Menschen und Hunde treffen sowie dem Hund ansonsten fremde Dinge wie die Innenstadt, Busse oder Stadtbahnen zeigen. So sorgen Sie dafür, dass der Hund auf alle Eventualitäten im Leben vorbereitet wird, unabhängig von seiner Umwelt.

Umgekehrt können Städter einen Ausflug aufs Land einplanen und dem Welpen Pferde und andere Tiere zeigen. Worauf es hierbei genau ankommt, wird unter „Sozialisation und Habituation" detailliert beschrieben. Die Devise muss jedoch immer lauten: Qualität vor Quantität – kleine Ausflüge, die den Hund nicht überfordern, sind einem eng getakteten Stundenplan mit vielen neuen Eindrücken vorzuziehen.

Wer Kinder im Haus hat, kann dies bei der Hundewahl mit beachten und eine eher kinderfreundliche Rasse oder einen freundlichen Mischling entspannter Eltern wählen. Wer auf dem Land wohnt und einen großen, eingezäunten Garten mit viel Auslauffläche hat, der hat auch räumlich mehr Möglichkeiten, einem bewegungsfreudigen Tier den nötigen Auslauf zu verschaffen. Was nicht heißt, dass ein bewegungsfreudiger Hund in der Stadt unglücklich sein muss. Aber in der Stadt werden Sie etwas mehr Aufwand betreiben müssen, um dem Tier und seinen Ansprüchen gerecht zu werden.

Ich habe mit Arbeitsrassen (also Hunden, die eine echte Aufgabe haben sollten, weil sie eine gewisse Auslastung benötigen) in der Stadt gewohnt und es war kein Problem! Wir sind mehrmals in der Woche rausgefahren und haben dafür gesorgt, dass ausreichend

Kopfarbeit und Auslauf geboten werden. Zudem kann ein entspannter Stadtspaziergang gerade für nervöse Hunde eine ganz wunderbare Auslastung sein. Aber man sollte Willens sein, den notwendigen Aufwand zu betreiben!

4. Der Mensch

Der Mensch, das sind Sie und ich. Aber warum zählt er zu den Rahmenbedingungen?

Weil jeder von uns bestimmte Eigenschaften mitbringt und eine gewisse Erwartung an das Zusammenleben mit dem Hund stellt. Unsere Gründe und Motivationen für die Anschaffung eines (bestimmten) Welpen sind ganz unterschiedlicher Natur. Sie haben aber großen Einfluss darauf, wie das Zusammenleben aussehen kann. Auch hier sind wir selbst gefragt.

Lesen Sie sich diesen Teil durch und versuchen Sie, danach kurz in sich zu gehen und zu ergründen, was Ihre eigenen Gedanken und Gefühle zu dieser Thematik sind. Das hilft ganz ungemein, wenn wir unsere konkreten Erziehungsbemühungen später bewerten wollen. Denn es wird nicht immer alles auf Anhieb klappen, soviel ist sicher. Und das ist auch ganz normal. Wenn wir aber immer auch vor Augen haben, was eigentlich unsere persönliche Erwartungshaltung an den Hund ist, können wir hiermit vielleicht etwas besser umgehen.

Menschen lieben Hunde. Und Hunde lieben Menschen. Meistens zumindest.

Darüber, dass Hunde ganz unterschiedlich sein können, haben wir bereits gesprochen. Aber nicht anders ist es mit uns Menschen! Wir sind grundverschieden im Wesen.

Beispiele für Eigenschaften des Menschen:

Menschen können:

- extrovertiert
- introvertiert

- emotional stabil
- emotional eher instabil
- ehrgeizig
- gemütlich
- entspannt
- nervös
- geduldig
- optimistisch
- pessimistisch
- sportlich
- selbstdarstellerisch
- perfektionistisch
- mutig
- ängstlich
- ruhig
- konfliktfreudig
- konfliktscheu
- durchsetzungsstark
- aufbrausend
- selbstbewusst
- nicht selbstbewusst
- ...

sein!

Es gibt unzählige Eigenschaften, die beeinflussen, wie wir sind, wie wir uns geben und was wir tun.

Hinzu kommt dann noch, wie wir selbst gerne wären. Manche Menschen sind eher ängstlich und wünschen sich Schutz. Manche fühlen sich stark und möchten ihre Stärke gerne zur Schau stellen. Einige sind auf der Suche nach Freundschaft, nach einem verlässlichen Begleiter.

Manche fühlen sich mit einem Hund als Begleitung sicherer in sozialen Situationen. Andere sind einfach tieraffin und möchten ihre Freizeit mit einem felligen Begleiter an der frischen Luft verbringen, statt sich mehr als nötig mit anderen Menschen zu beschäftigen.

Unsere Wünsche und Erwartungen an den Hund haben dabei nicht selten etwas mit unseren Charaktereigenschaften zu tun und damit, wie wir uns selbst sehen. Der Hund kann auf diese Weise viele Funktionen erfüllen und es gibt unzählige Wünsche, die wir mit Hunden verbinden. Einige fasse ich im Folgenden zusammen:

Beispiele für Funktionen, die wir unseren Hunden zuschreiben:

- Spielpartner für die Kinder
- Beschützer von Haus und Hof
- Prestige-Funktion: Eine besondere Rasse verleiht auch mir einen besonderen Touch
- Ein guter Freund und lustiger Kumpel
- Jemand, der eine soziale Schutzfunktion einnimmt (Ich bin nicht alleine unterwegs)
- Jemand, der Leben ins Haus bringt
- Jemand, der Trost spendet oder Einsamkeit leichter erträglich macht
- Ein sozialer Katalysator, der mich mit Fremden leichter in Kontakt bringt
- Ein neues Hobby
- Eine Begleitung beim Sport
- Ein Motivator, damit ich mehr aus dem Haus gehe
- Jemand, für den ich da sein kann („Ich möchte helfen!“)

Als konkretes Beispiel möchte ich an dieser Stelle mich selbst anführen:

Ich habe mir, als es um die Anschaffung des ersten eigenen Hundes nach dem Studium ging, vor allem einen Begleiter gewünscht, der etwas hermacht! Er sollte groß sein, nicht zu freundlich aussehen, aber richtig gut erzogen sein! Denn ein gut erzogener Hund kommt gut an und ich mag es, gut anzukommen. Ich wünschte mir also positives soziales Feedback und gleichzeitig einen gewissen Respekt vor der Erscheinung, weil ich als Frau alleine im Wald auch die Schutzfunktion durch Abschreckung bei einem großen

Hund gar nicht verkehrt fand. Außerdem musste in meinem Fall der Hund mit Kindern kompatibel und freundlich sein, denn er würde in der Schule arbeiten.

An diesen (teilweise egoistischen) Wünschen ist nichts falsch. Man sollte sie aber mit der Realität abgleichen – und mit der eigenen Handlungsfähigkeit!

Ich habe mir einen gut erzogenen, großen, schönen Hund gewünscht, den ich händeln kann und der gut mit Menschen zusammenarbeitet. Es wurde ein Schäferhund aus Leistungslinie mit vergleichsweise ruhigen und freundlichen Eltern.

Diese Entscheidung war angemessen, ging aber einher mit sehr großer Einsatzbereitschaft und Ehrgeiz hinsichtlich der Erziehung. Und an dieser Stelle ist dann wichtig, ehrlich zu ergründen, was ich selbst als Mensch investieren kann, um zu erreichen, was ich mir wünsche.

Schlussendlich sollten wir uns also die Frage stellen, ob unsere eigenen Charaktereigenschaften zu der gewählten Rasse oder dem Mischling passen. Außerdem müssen wir uns ehrlich fragen, ob unsere Erwartungen durch diesen Hund erfüllt werden können bzw. ob ich die aufgrund dieser Erwartungen getroffene Rassewahl mit meinen Charaktereigenschaften auch vertreten kann: Wenn ich mir einen Rottweiler als Schutz wünsche, weil ich ängstlich bin, sollte ich trotz meiner Ängstlichkeit in der Lage sein, diesen Rottweiler zu führen und ihm nicht die Entscheidung überlassen, ob und wann er mich verteidigen sollte!

Wenn ich mir aus Prestigegründen einen hübschen Weimaraner zulege und möchte, dass er eine gute Figur neben mir macht und edel aussieht, sollte ich auch überlegen, ob meine Persönlichkeit zur Rasse passt. Denn wenn ich selbst konfliktvermeidend und zudem eher gemütlich bin, ist ein stattlicher Weimaraner mitunter nicht die perfekte Wahl für mein Leben.

Wenn ich mir einen frechen, fröhlichen Begleiter wünsche und mich deswegen für einen Terrier entscheide, sollte ich kurz überlegen, ob ich selbst auch genauso konfliktfreudig bin wie dieser

Hund! Denn wer Konflikte eher meidet, wird mit dem kühnen Wesen eines Jack Russels möglicherweise Probleme bekommen.

Wer vor allem einer traurigen Seele helfen möchte und sich aus diesem Grund für einen Welpen aus dem Tierschutz entscheidet, tut wahrscheinlich erst einmal etwas Gutes. Aber wenn dies Ihre Motivation ist, bedenken Sie dabei, dass Ihr Überraschungspaket, je nach Herkunft, auch ein stattlicher Herdenschutzhund-Typ sein könnte. Wer dann überrascht wird von unerwartet wenig Dankbarkeit seitens des Hundes, weil der junge Rumäne neben seiner pubertätsbedingten Lederjacke auch noch das mitunter genetisch bedingte Territorialverhalten plötzlich zur Schau trägt, erlebt im Training mitunter mehr Frust als Spaß.

Dies sind nur einige Beispiele und sie zeigen lediglich einen kleinen Ausschnitt aus dem großen Bereich rund um die Thematik, wie unsere Erwartungen, Wünsche und Charaktereigenschaften das Zusammenleben und die Hundewahl mit beeinflussen können. Wir müssen die Anschaffung dabei nicht bis ins kleinste Detail analysieren, jedoch: Wenn jeder Mensch, der sich einen Welpen kauft, etwas mehr über sich selbst nachdenken, die Situation ehrlich reflektieren und seine Wünsche und Erwartungen mit dem gewünschten Rasse- oder Mischlingshund abgleichen würde, dann wären unsere Tierheime sehr viel leerer!

Zusammenfassung

Zusammenfassend sollte an dieser Stelle gesagt sein, dass die Beachtung der grundlegenden Rahmenbedingungen – sei es vonseiten des Hundes, der Umwelt oder des Menschen – zu weitaus weniger Problemen und damit durchaus auch weniger Arbeit in Hundeschulen führen würde!

Idealerweise machen wir uns bereits vor der Anschaffung Gedanken über diese Aspekte! Wer so vorgeht und sich etwas Zeit lässt bei seiner Entscheidung, handelt nicht nur besonders verantwortungsvoll, sondern sorgt auch dafür, dass das eigene Leben in den nächsten 10 – 15 Jahren deutlich entspannter abläuft.

Sollten Sie nun beim Lesen dieser Zeilen nervös werden, auf Ihren bereits eingezogenen Welpen blicken und sich fragen, ob Sie etwas falsch gemacht haben, kann ich Sie dennoch beruhigen: Mit dem richtigen Handling, Willenskraft und Wissen über Hundeerziehung wird auch dann eine ganz wunderbare Beziehung entstehen, wenn die Passung vielleicht im Nachhinein nicht ganz ideal erscheint.

Und egal, ob Sie bereits eine Entscheidung getroffen haben oder noch den passenden Welpen suchen: Dieses Buch wird Ihnen die wichtigsten Werkzeuge an die Hand geben, die Sie benötigen, um die Erziehung bestmöglich zu gestalten!

Das Lernen

Die meisten von uns sehen das Lernen als einen ganz zentralen Bestandteil der Hundeerziehung an. Der Welpe soll „etwas lernen". Aber was? Und was ist Lernen überhaupt, wie funktioniert es?

Und warum reicht manchmal eine einzige Erfahrung aus, um für den Rest des Lebens eines Hundes abgespeichert zu sein (etwa eine Begegnung mit dem Weidezaun), während wir andere Lernerfahrungen viele (hunderte) Male wiederholen müssen, ehe sie wirklich abrufbar und im Alltag einsetzbar sind?

All das klären wir in diesem Kapitel.

Lerntheorie ist ein hochinteressantes und komplexes Thema. Um den Rahmen des Buches nicht zu sprengen, werden wir uns auf das konzentrieren, was Sie – egal ob Sie sich selbst als Anfänger oder bereits als fortgeschritten betrachten – benötigen, um die Lernerfahrungen Ihres Welpen optimal verstehen und lenken zu können.

Lernen – Was ist das?

Oft verbinden wir das Lernen mit der Schule und mit der gezielten Aneignung von Wissen und Fähigkeiten. Lernen geht aber weit darüber hinaus und findet das ganze Leben lang statt! Wenn wir den Begriff des Lernens aus lernpsychologischer Sicht betrachten, so haben wir es mit einem Prozess zu tun, bei dem das Verhalten, Denken oder Fühlen aufgrund von zuvor gemachten Erfahrungen einer Veränderung unterliegt.

Das Tolle am Lernen ist: Wir können es direkt beeinflussen! Dadurch, dass wir verstehen, dass Lernen auf Erfahrung beruht und wir so das zukünftige Verhalten unserer Hunde beeinflussen können, erhalten wir ein mächtiges Werkzeug, welches es verantwortungsvoll zu bedienen gilt!

Vereinfacht gesagt: Indem wir die Mechanismen des Lernens verstehen, anwenden und an den jeweiligen Hund anpassen, können wir unsere Hunde viel besser verstehen. Und wir werden handlungsfähig: Wir wissen, wie wir dem Welpen etwas Neues beibringen – oder aber auch etwas abgewöhnen können! Hierzu müssen wir nur verstehen, welche lernwirksamen Mechanismen es gibt – und wie wir sie nutzen können!

Damit Sie dieses Wissen erhalten und auch anwenden können, werden wir zum einen die Lernformen besprechen und zum anderen klären, wie und in welchen Situationen das Lernen vorrangig stattfindet.

Lernformen

Gelernt wird auf ganz unterschiedliche Weise. Die Gesamtheit der Lernformen lässt sich noch einmal unterteilen in unterschiedliche lernpsychologische und verhaltensbiologische Verfahren und Prozesse. Diese genaue Unterteilung nehmen wir bewusst nicht vor. Stattdessen beschäftigen wir uns mit den wichtigsten Formen des Lernens und fassen diese im Folgenden zusammen.

Dabei nennen wir diejenigen Lernformen, die für Welpen besonders wichtig sind und mithilfe derer wir schon eine ganze Menge verstehen und auch umsetzen können! All diese Dinge werden auch in den Praxis-Übungen wieder auftauchen.

Die bekanntesten Lernformen sind:

- Habituation
- Sensitivierung
- Prägung
- Klassische Konditionierung
- Operante Konditionierung
- Soziales Lernen

Es gibt noch eine Reihe weiterer Lernprozesse, die wir an dieser Stelle nicht aufführen. Diese Liste reicht vollkommen aus, um zu erklären, was im Zusammenhang mit Hunden wirklich wichtig und relevant ist – und was nicht!

Habituation (Gewöhnung)

Die Habituation ist einer der wichtigsten Begriffe, wenn es um das Lernen im Welpenalter geht. Gemeint ist hierbei die Gewöhnung des Individuums an seine Umwelt. Dies impliziert, dass das Individuum – also der Welpe – infolge des Habituationsprozesses auf einen Reiz weniger oder gar nicht mehr reagiert, weil er an ihn gewöhnt ist.

> ***Was ist ein Reiz?***
> *Reize sind alle Einwirkungen auf den Organismus des Hundes und all seine Sinnesorgane, die eine Reaktion in ihm auslösen können. Geräusche, Temperaturveränderungen, Gerüche – alles, was in sein Sichtfeld tritt etc.*

Dies wäre etwa dann der Fall, wenn Sie jahrelang neben einem Bahnhof wohnen und diese Geräusche irgendwann überhaupt nicht mehr wahrnehmen. Sie haben sich daran gewöhnt und lassen sich davon nicht mehr stören.

Aber was bedeutet dies nun für die Praxis?

Habituation findet statt, wenn wir dem Welpen seine Umwelt zeigen und er sich an das, was er wahrnimmt, gewöhnt. Hierzu zählen Gegenstände, laute Geräusche, Bewegungen ... Im Grunde könnten wir sagen, dass hierzu so ziemlich all das gehört, was dem Hund in seiner Umwelt begegnen kann.

Etwa:

- Vogelgezwitscher
- Flatterbänder
- Gewitter
- Schussgeräusche
- Alltagsgegenstände
- Unterschiedliche Untergründe
- Gerüche
- Fahrräder
- Straßenverkehr
- Bahngeräusche
- Töpfeklappern
- Staubsauger
- ...

Wenn ein Welpe all diese Dinge entspannt und beiläufig kennenlernt, so wird er in der Folge daran gewöhnt sein und nicht mehr darauf reagieren. Das macht einen umweltsicheren Hund aus – und das ist genau, was wir uns wünschen: Dass unser Welpe auf schnelle Bewegungen, unterschiedliche Untergründe, laute Geräusche etc. nicht reagiert, sondern gelassen bleibt und dem Reiz keine Bedeutung beimisst.

Habituation hat aber auch nachteilige Effekte: Wenn Menschen zum Beispiel auch strafende Maßnahmen unreflektiert und immerzu anwenden, so kann der Hund sich daran ebenso gewöhnen. Das ist fatal, denn so werden unsere Hunde verroht und unsere Bemühungen höchstwahrscheinlich ignoriert. Dies ist einer der Gründe, warum mit Bestrafung vorsichtig umgegangen werden muss.

Sicherlich kennen auch Sie den einen oder anderen Hundehalter, der tagein, tagaus mit seinem Hund schimpft und dennoch nicht ernst genommen wird. Habituation mag hier nicht der einzige Grund dafür sein, dass der Hund seinen Besitzer nicht recht ernst zu nehmen scheint. Sicher ist jedoch: Der Hund hat sich an das Schimpfen gewöhnt und nimmt es wahrscheinlich überhaupt nicht mehr wahr.

Wenn Sie einmal zurecht sauer sind, dürfen Sie das auch sein. Aber Sie sollten vermeiden, Ihre Wut wiederholt, unreflektiert und inflationär über dem Welpen niederregnen zu lassen. Denn wenn dann wirklich einmal etwas sein sollte und ein kleines Donnerwetter vielleicht sogar angemessen wäre, werden Sie mitunter gar nicht mehr wahrgenommen und es gehen Ihnen die Handlungsmöglichkeiten aus.

Sensitivierung

Habituation könnte so einfach sein, wäre da nicht die Sensitivierung. Sensitivierung bedeutet im Grunde nichts weiter als das Gegenteil von Habituation. Der Hund wird immer sensibler für einen Reiz, was fatale Auswirkungen haben kann.

Es gibt Menschen, die leben nah an einem Bahnhof und gewöhnen sich nicht etwa an das Geräusch, sondern werden von Tag zu Tag genervter, wütender und dünnhäutiger. Irgendwann sind sie so geräuschempfindlich, dass sie schon beim Herannahen eines noch weit entfernten Zuges sprichwörtlich durch die Decke gehen könnten. Das ist Sensitivierung.

Problematisch ist hierbei, dass gerade die Sensitivierung oft noch mit einer Generalisierung einhergeht. Dies bedeutet, dass auch andere, ähnliche Reize und Situationen die gleiche Reaktion hervorrufen können. Irgendwann stört uns dann nicht mehr nur der Zug, sondern auch das Bremsen vom Bus, das Hupen weit entfernter Autos, das Pfeifen des Wasserkochers, die Sirene eines Krankenwagens ... Das Leben wird dadurch nicht unbedingt leichter!

Klassischerweise wird es beim Hund vor allem dann problematisch, wenn der auslösende Reiz überdies Angst hervorruft.

Ein Beispiel wäre der junge Hund, der sich einmal vor einem lauten Knall erschrocken hat und mit der Zeit immer sensibler auf laute Knallgeräusche reagiert. Das sind nicht selten die Hunde, die auch an Silvester Qualen leiden und wirklich Angst haben, sobald sie den ersten weit entfernten Böller oder eine Rakete hören. Diese Hunde sind immer sensibler für einen angstauslösenden Reiz geworden.

Und dies ist auch der Hauptgrund dafür, dass Habituation nicht mit dem Brecheisen, sondern in Ruhe, entspannt und in positiv gestimmter Atmosphäre passieren sollte.

So vermeiden wir, dass uns das Gegenteil passiert. Dies müssen wir natürlich vor allem bei solchen Welpen beachten, die noch nicht viel kennengelernt haben. Vor Ängsten beschützen können wir unsere Hunde nicht immer – im Gegenteil: Wir sollten ihnen souverän durch schwierige Situationen hindurch helfen und Sensitivierung hinsichtlich angstauslösender Situationen vermeiden.

Im Kapitel „Umgang mit Ängsten“ werden Sie hierzu noch konkretere Handlungsanweisungen finden.

Prägung

Den Begriff der Prägung möchte ich an dieser Stelle ganz explizit nennen, weil er im Zusammenhang mit Welpen sehr häufig falsch verwendet wird. Prägung beschreibt einen Lernprozess, bei dem eine gemachte Erfahrung zu einer dauerhaften Veränderung im Verhalten führt, welche im Grunde nicht mehr rückgängig zu machen ist. Wir sprechen bei Welpen durchaus von etwas, das wir als „prägungsähnliches Lernen“ bezeichnen, weil manche Versäumnisse kaum noch aufzuholen sind, wenn im Welpenalter wichtige Dinge verpasst wurden. Dennoch ist die Prägung in ihrer klassischen Form beim Hund nicht bekannt.

Ein echtes Beispiel für eine Prägung ist das bekannte Experiment des Verhaltensforschers Konrad Lorenz: Wenn wir einem frisch geschlüpften Gänseküken die Mutter durch einen Menschen ersetzen, kann hierdurch eine Fehlprägung stattfinden. Die kleine Gans wird den Menschen als seinen Sozialpartner ansehen und ihm ein Leben lang folgen.

Derlei Dinge passieren mit Hunden nicht, ihr Lernen bleibt weiterhin flexibel. Jedoch bleiben extreme Fälle, in denen Welpen sehr reizarm aufgewachsen sind, nicht ohne Folgen: Einen solchen Hund können Sie eventuell niemals an eine für uns normale Umwelt gewöhnen.

Das oben erwähnte „prägungsähnliche Lernen“ findet in der gesamten Sozialisierungsphase statt. Diese ist von besonderer Bedeutung und wird am Ende des Kapitels zum Thema Lernen noch einmal explizit genannt!

Klassische Konditionierung

Die klassische und die operante Konditionierung sind Ihnen vielleicht noch aus der Schule bekannt. Damals bekamen wir alle den „Pawlowschen Hund“ vorgestellt:

Dem Hund wurde Futter präsentiert, woraufhin der Speichelfluss angeregt wurde. Der Reiz „Futter“ löste also im Experiment zunächst aus, dass der Hund eine automatische, nicht konkret steuerbare Reaktion auf das Futter zeigte.

In der Folge wurde das Futter weiterhin so präsentiert wie zuvor, jedoch fügte man einen neutralen Reiz hinzu: ein Glöckchen-Klingeln.

Das Klingeln des Glöckchens war nun also gepaart worden mit der Präsentation des Futters, woraufhin der Hund mit Speichelfluss reagierte.

Danach klingelte man nur noch mit dem Glöckchen, ohne dem Hund Futter zu zeigen.

Und siehe da: Der Körper des Hundes produzierte Speichel, obwohl der „echte“ Reiz, das Futter, gar nicht mehr zugegen war. Das Klingeln, das zuvor mit dem Futter zeitgleich präsentiert wurde, reichte aus. Ausschlaggebend für das Entstehen dieser Verknüpfung ist, dass beide Reize direkt miteinander präsentiert werden, also maximal 1 Sekunde zwischen Futter und Glöckchen liegt – so entsteht die Verknüpfung des eigentlich neutralen Reizes (Glöckchen) mit der Reaktion des Hundes (Speichelfluss). Einen Einfluss hat der Hund auf diese Reaktion nicht.

Wenn Sie hiervon noch nie etwas gehört haben, mag Ihnen das Ganze etwas komplex erscheinen. Machen wir es konkreter, denn die klassische Konditionierung begegnet uns auch in der Praxis. Wichtig ist hierbei: Es handelt sich bei den Reaktionen des Hundes um etwas nicht Steuerbares! Der Hund reagiert vollkommen automatisch! Wie der Hund im Experiment von Pawlow. Der zuvor neutrale Reiz wird verknüpft mit einem Reflex oder einer Emotion des Hundes:

Erinnern Sie sich an die eingangs in diesem Kapitel erwähnte Frage, warum beim Weidezaun eine einzige Erfahrung ausreicht, um den Hund langfristig zu beeinflussen? Je nachdem, welchen neutralen Reiz (als Pendant zum Glöckchen) der Hund in diesem Moment wahrgenommen hat, verknüpft der Hund den Schmerz und die sich hieraus ergebende Angst- oder Schreckreaktion mit dem, was er gerade sonst noch in seiner Umgebung wahrgenommen hat. Wenn wir Glück haben, verknüpft er diese schlechte Erfahrung nur mit dem Missachten des Rückrufs oder dem Anblick der Kühe, die er ohnehin in Frieden lassen soll.

Hat der Hund aber in diesem Moment zum Beispiel ein Kind angesehen oder ein Flugzeug gehört und findet ungünstigerweise eine Verknüpfung mit einem solchen Reiz statt, dann kann die klassische Konditionierung dafür sorgen, dass die Emotion des Hundes mit einem Geräusch, einem Menschen oder anderen Dingen verbunden wird. Und eine solche Verknüpfung sitzt sehr tief und sehr dauerhaft!

Hierbei handelt es sich um klassische Konditionierung! Dies ist ein weiterer Grund, warum wir mit bestimmten strafenden Maßnahmen vorsichtig sein sollten, gerade bei so jungen Hunden wie den hier behandelten Welpen.

Operante Konditionierung

Anders als bei der klassischen Konditionierung entscheidet bei der operanten Konditionierung der Hund selbst, was er tut. Er lernt dabei durch Versuch und Irrtum, was sich lohnt – und was nicht.

Wie Sie anhand des bisher Beschriebenen schon sehen können, nimmt die operante Konditionierung nur einen kleinen Teil der Erziehung Ihres Welpen ein. Dennoch wird ein Teilbereich der operanten Konditionierung sehr gerne als das einzig wahre Mittel der Erziehung angesehen: Häufig hören wir, Menschen erziehen ihre Hunde nur über positive Verstärkung, wobei letztere gerne synonym mit „Belohnung" bezeichnet bzw. abgekürzt wird.

Die Arbeit mit Belohnungen bzw. Verstärkern ist ein wichtiger Teil des Hundetrainings. Im später noch folgenden Kapitel „Richtig belohnen" werden wir die Bandbreite dessen noch erörtern. Dabei halten wir sicherlich noch den einen oder anderen „Aha-Moment" für Sie bereit.

Aber was ist nun eigentlich diese operante Konditionierung? Und warum ist es wichtig, sie zu kennen oder wenigstens zu wissen, was sie in der Praxis bedeutet?

Vereinfacht gesagt, geht es hierbei um die Idee, das Verhalten von Individuen mit Belohnung oder Strafe nachhaltig beeinflussen zu können. Durch viele Wiederholungen soll der Welpe dabei lernen, ein Verhalten entweder häufiger oder eben immer seltener zu zeigen. Dabei geht man davon aus, dass Bestrafung dazu führt, dass der Hund das Verhalten weniger zeigt, während eine Belohnung den Anreiz bietet, das Verhalten häufiger zu zeigen.

Unterschieden wird zwischen zwei verschiedenen Formen von Belohnung und Strafe. Bei der Belohnung sprechen wir von einem „Verstärker", das Wort der Bestrafung bleibt unverändert. Außerdem werden die Wörter „positiv" und „negativ" verwendet. Dies ist aber nicht wertend gemeint: Positiv soll bedeuten, dass etwas hinzugefügt wird. Negativ heißt, dass etwas entfernt wird.

Die vier verschiedenen Formen der operanten Konditionierung sehen wie folgt aus:

Positive Verstärkung Etwas Angenehmes wird hinzugefügt! *Bsp.: Leckerchen geben*	Negative Verstärkung Etwas Unangenehmes wird weggenommen! *Bsp.: Druck aus der Leine nehmen*
Positive Bestrafung Etwas Unangenehmes wird hinzugefügt! *Bsp.: Den Hund mit etwas bewerfen*	Negative Bestrafung Etwas Angenehmes wird weggenommen! *Bsp.: Aufmerksamkeit entziehen*

Die hell markierten Felder sind Verstärker und zeigen, was vom Hund als belohnend empfunden wird. Die dunklen Felder dagegen sind Bestrafungen.

In beiden Fällen unterscheiden wir zwischen negativ (etwas wird weggenommen) und positiv (etwas wird hinzugefügt). Wenn wir dem Welpen ein Leckerchen geben, ihm Aufmerksamkeit schenken oder ihn verbal loben, so soll dies eine **positive Verstärkung** sein.

Viele Hundeschulen werben damit, nur positiv verstärkend zu arbeiten. Ganz der Wahrheit entspricht dies jedoch praktisch nie, denn selbst, wenn wir dem Hund lediglich unsere Aufmerksamkeit entziehen, ist dies bereits eine Form von Strafe. Und zwar eine, die sehr häufig zum Einsatz kommt. **Negative Bestrafung** ist also ein probates und viel angewandtes Mittel, seinem Welpen die Welt zu erklären.

Dennoch ist festzuhalten: Beim Training mit Welpen arbeiten wir **überwiegend positiv verstärkend**, denn sie erkunden ihre

Umwelt und sollten an Neues vor allem freundlich und motivierend herangeführt werden.

Die **negative Verstärkung**, also das Entfernen von etwas Unangenehmem, geschieht oft versehentlich. Zum Beispiel dann, wenn Ihr Welpe an der Leine zieht, weil er zu einem Sozialpartner möchte. Geben Sie nun dem Druck nach oder leinen Ihren Hund ab (Entfernen des unangenehmen Drucks), so haben Sie Ihren Hund für sein Ziehen belohnt. In der Folge wird er bei erneuten Hundebegegnungen möglicherweise wieder ziehen oder sich sogar noch einmal besonders ins Zeug legen – schlecht für Ihr Schultergelenk, schlecht für Ihr Leinenführigkeitstraining!

Insbesondere die **positive Bestrafung** bringt so einige Fallstricke mit sich und darf nicht unreflektiert angewandt werden. In besonders ungünstigen Fällen können sonst Verknüpfungen wie die oben genannte mit dem Stromzaun entstehen: Eine heftige Bestrafung (hier der eher zufällige Stromschlag) im falschen Moment kann ungeplanterweise eine klassische Konditionierung ergeben, die Sie vielleicht gar nicht so gewollt hätten.

Kleiner Exkurs – der Lotterie-Effekt:

Früher oder später wird immer davon gesprochen, Leckerchen abzubauen und sich den Lotterie-Effekt zunutze zu machen. Die Idee ist, dass wir unregelmäßig belohnen und dabei unterschiedliche Verstärker einsetzen. So weiß der Hund später nicht, ob und was er bekommen wird! Dies wiederum steigert den Anreiz, dem Kommando zu folgen – wie der Nervenkitzel beim Lotto-Spiel: Denn es KÖNNTE ja sein, dass man heute das große Los zieht! Und so spielen die Menschen jahrelang Lotto, ohne dabei jemals wirklich gewonnen zu haben. Aber das Wissen, dass es ja dieses Mal der Jackpot sein könnte und dass wir diesen auf keinen Fall verpassen wollen, reicht aus, um uns erneut spielen zu lassen.

Der unregelmäßige (oder „intermittierende“) Einsatz von Verstärkern führt also dazu, dass der Anreiz, dem Kommando zu folgen, noch größer ist, als wenn immer die gleiche Belohnung folgt. Und so können wir nicht nur unseren Rückruf besonders effektiv aufbauen, sondern auch andere Kommandos so eintrainieren, dass sie mit relativ hoher Zuverlässigkeit befolgt werden.

Konkret bedeutet dies, dass wir, wenn das Kommando verstanden wurde, die Belohnung verändern: Gab es bisher noch jedes Mal ein Leckerchen, gibt es nun vielleicht zweimal hintereinander eines, dann wieder keines, dann wieder eines. Mit der Zeit gibt es immer häufiger kein Leckerchen, aber dafür vielleicht ab und zu ein unglaublich tolles – einen richtigen Jackpot! Oder ein gemeinsames Spiel anstelle von Futter. So erlebt auch der Hund einen Lotterie-Effekt und hört auf das Kommando, denn heute könnte es ja theoretisch einen Jackpot geben!

Soziales Lernen

Beim sozialen Lernen geht es nicht darum, dass der Hund „etwas Soziales“ lernt. Vielmehr ist es so, dass er im Rahmen von sozialen Interaktionen unterschiedliche Dinge lernt. Hierzu gehören zum Beispiel das Lernen durch Beobachtung oder die Stimmungsübertragung.

Beobachtungslernen findet zum Beispiel dann statt, wenn ein Hund sieht, wie ein anderer Hund eine Tür öffnet – und dies in der Folge selbst anwendet. Dieser Prozess spielt bei Hunden aber eher eine untergeordnete Rolle. Die Stimmungsübertragung und das damit einhergehende Erlernen von bestimmten Verhaltensweisen werden Ihnen dagegen durchaus begegnen. Zum Beispiel dann, wenn Sie bereits einen Hund haben und dieser in bestimmten Situationen störende Verhaltensweisen zeigt – etwa eine Leinenaggression.

Es bietet sich daher an, zu bedenken, dass Hunde auch voneinander lernen können. Das kann nützlich sein, bei gut sozialisierten, erzogenen und freundlichen Althunden, die jüngeren Hunden zeigen, wie man sich als Hund benehmen sollte. Genauso gut kann es auch von Nachteil sein: Nämlich immer dann, wenn der andere Hund Ihrem Welpen Dinge vorlebt und zeigt, die Sie sich eigentlich überhaupt nicht wünschen!

Wie und wann findet Lernen statt?

Alle Welpen sind unterschiedlich und bringen je nach Typ, Rasse oder persönlichen Vorlieben auch Besonderheiten in ihrem Lernverhalten mit. Wann und wie sie lernen, ist jedoch im Grunde gleich – mit individuellen Akzentuierungen. Welche Mechanismen hier greifen, haben wir weiter oben bereits geklärt.

Besonders intensiv lernen Hunde in der Sozialisierungsphase, die weiter unten noch ausführlich erklärt wird! In dieser Zeit greifen die angeborenen Voraussetzungen des Welpen und die Lernerfahrungen, die er macht, in höchstem Maße ineinander. Das bedeutet, dass die lernintensivste und wichtigste Zeit für junge Hunde in eben dieser Phase, also etwa zwischen der vierten und der 16. Lebenswoche, stattfindet!

Neben der Gewöhnung an Umweltreize und dem Erlernen eines angemessenen Sozialverhaltens unter Einbezug der oben aufgeführten lernwirksamen Mechanismen sind noch einige weitere Punkte für das Lernen besonders wichtig. Denn vieles, was der Welpe lernen muss, lernt er vor allem:

- im Spiel mit Artgenossen
- im Spiel mit Menschen
- beim Erkunden seiner Umwelt

Das Spiel mit Artgenossen

Im Spiel mit Artgenossen erlernen Welpen gewissermaßen die Hundesprache – und eben alle motorischen Fähigkeiten und Ausdrucksweisen, die sie im Zusammenhang mit der sozialen Interaktion mit anderen Hunden kennen müssen! Das Spiel mit anderen Hunden ist unglaublich wichtig, weil Welpen hier alles ausprobieren und für den Ernstfall erproben können!

Welpen müssen lernen, wie man sich streitet, wieder verträgt, wie man sich unterwirft und angemessen auf andere Hunde reagiert. Sie lernen, dass ihre Artgenossen gewisse Grenzen haben und diese auch einfordern – und dass diese Grenzen je nach Sozialpartner

unterschiedlich sind. Außerdem ist wichtig, dass Welpen unterschiedliche Hundetypen kennenlernen – denn die Körpersprache von Hunden variiert. Es gibt lange Nasen, kurze Nasen, Schlappohren, Stehohren, langes Fell, kurzes Fell, Ringelruten, hängende Ruten, mehr oder weniger variable Gesichtszüge, unterschiedliche Körperhaltungen und viele weitere individuelle oder typabhängige Merkmale, die es kennenzulernen gilt!

Neben den unterschiedlichen Erscheinungsformen lernen die Welpen auch den Umgang mit verschiedenen Verhaltensweisen kennen – manche Hunde jagen gerne den anderen Hunden hinterher, andere lassen sich gerne jagen. Manche sind etwas ruppiger, andere eher zurückhaltend. Jeder Hund ist anders. Und je besser der Welpe die anderen Hunde verstehen lernt, desto besser kann er sich später im Alltag gegenüber anderen Hunden adäquat behaupten und souverän agieren. Daher sollte Ihr Welpe unbedingt die Möglichkeit erhalten, mit anderen Hunden Kontakt aufzunehmen und mit Welpen und erwachsenen Hunden unterschiedlichen Aussehens und Charakters zu spielen.

Das Spiel mit Menschen

Für viele von uns ist der Inbegriff des Spiels das sich ewig wiederholende Werfen und Apportieren eines Balls. Im Spiel mit Menschen geht es aber nicht um das Werfen von Gegenständen, denn dies ist kein Spiel, sondern eine sich ewig wiederholende Jagdsequenz, bei der Welpen im Grunde erst einmal nicht besonders viel Nützliches lernen.

Tatsächlich beobachte ich in der Praxis immer wieder Hunde, die gar nicht so recht mit Artgenossen in Kontakt kommen, weil sie von klein auf gelernt haben, ihre Spaziergänge balljagend zu verbringen. (Alternativ gehen natürlich auch Tannenzapfen oder Stöckchen.) Falls Sie also in Erwägung ziehen, sich ballwerfenderweise durch den Alltag zu bewegen, versichern Sie sich unbedingt, dass Sie parallel auch Sozialspiele einbauen. Sowohl mit Artgenossen als auch mit sich selbst.

Das Spielen mit dem Menschen kann ähnlich aussehen, wie das Spielen mit anderen Hunden: Welpen lieben es, mit uns zu rangeln, in die Hände zu beißen, sich über den Teppich zu kugeln, uns zu jagen und sich jagen zu lassen.

Alles, was Sie dafür brauchen, sind Sie selbst! Genau wie Hunde untereinander, so können auch wir mit dem Welpen balgen und übertriebene, lustige Bewegungen dazu nutzen, den Kleinen zu animieren.

Wichtig dabei: Regeln!

Hunde lernen im Spiel mit uns Menschen eine ganze Menge! Vor allem über die Beziehung zwischen sich selbst und Ihnen als Mensch. Machen Sie sich dies zunutze: Zum einen ist dies ein Setting, in dem Sie die Beißhemmung wunderbar beibringen können, zum anderen steigert dieses Spielen das Vertrauen zwischen Ihnen und Ihrem Welpen. Ebenfalls wirkt es sich äußerst positiv auf Bindung und Beziehung aus!

Wenn – und das ist der „Knackpunkt" – Sie Regeln beachten: Wann immer Ihr Welpe zu wild wird oder beginnt, Ihnen weh zu tun, sollten Sie das Spiel unterbrechen können. Es ist nicht erlaubt, Ihnen (oder gar Ihren Kindern) in die Haare zu beißen oder die Kleidung zu ruinieren. Welpen lernen dies sehr schnell, wenn wir im Sozialspiel von Anfang an eindeutig und klar sind: „Wenn du eine bestimmte Grenze übertrittst, ist der Spaß für einen Augenblick vorbei!"

Lassen Sie sich nicht zerkratzen und zerbeißen, sondern nutzen Sie diese Gelegenheit, dem Welpen zu zeigen, wie man sanft und vorsichtig mit Menschenhänden spielt, Hosenbeine heile lässt und Grenzen beachtet: Genau so läuft auch das Spielen mit anderen Hunden. Beobachten Sie Welpen, die mit anderen Hunden spielen und von diesen ab und an eine Grenze aufgezeigt bekommen. Schauen Sie sich an, wie ältere Hunde auf Welpen reagieren, die zu frech werden. Auch hier werden Grenzen gesetzt – und so lernt der Hund, sich adäquat zu verhalten.

Dies ist eine der schönsten und wirkungsvollsten Methoden, dem kleinen Hund beizubringen, sich angemessen im Umgang mit Menschen zu benehmen. Nutzen Sie sie, aber niemals ohne Regeln. Wie Sie diese Regeln im Zweifel durchsetzen können, besprechen wir später noch einmal, wenn es um die Beißhemmung geht.

Tipp:

Es gibt unter unseren Welpen regelrechte Krokodile, die kaum anders können, als im Spiel und unter Aufregung irgendwo hineinzuschnappen. Manchmal hilft es, dem Welpen Alternativen anzubieten: etwa ein Plüschtier, das er auch im gemeinsamen Spiel zerledern darf. Solange er sich beim Zubeißen dann auf dieses Plüschtier beschränkt und Ihre Hände nicht zerbeißt, ist das völlig in Ordnung und oftmals auch hilfreich.

Erkunden der Umwelt

Hier geht es natürlich vor allem um die Habituation – denn nur, was der Welpe erkundet und kennenlernt, kann auch in seinen Wissens- und Erfahrungsfundus mit einfließen. Gewöhnung findet nicht vor dem Fernseher statt: Ihr Welpe muss raus in die Welt und diese kennenlernen. Am besten mit viel Spaß und natürlich vielen Schlafpausen, denn die braucht ein Welpe.

Das natürliche Erkundungs- und Neugierverhalten des Welpen spielt Ihnen dabei in die Karten, sodass das Lernen durch Erkunden der Umwelt spielend leicht von der Hand geht.

Außerdem lernen Welpen unter anderem:

- kontextbezogen
- durch Generalisierung
- durch viele Wiederholungen
- unter Einfluss der aktuellen Gesamtsituation
- auf Basis der Gesamtheit ihrer Lernerfahrungen

Kontextbezogenes Lernen

Ihr Welpe lernt alles Neue erst einmal im Kontext der Lernsituation. Eine Ausnahme stellt die oben genannte klassische Konditionierung dar – diese funktioniert auch losgelöst vom Kontext. Insbesondere, wenn wir dem Welpen etwas Neues beibringen, spielt diese Form des Lernens aber eine untergeordnete Rolle. Fast alles, was Sie Ihrem Welpen beibringen wollen, wird er zunächst nur im aktuellen Kontext abrufen können.

Wenn Sie also zum Beispiel den Rückruf trainieren und dieser in der Wohnung super funktioniert, wird das draußen im Garten schon wieder anders aussehen.

Andere Gerüche, andere Geräusche, anderer Untergrund, anderes Licht ... Jede Umgebung und jeder Kontext bringen ihre eigenen Gegebenheiten mit! Das führt dazu, dass wir das, was wir dem Welpen beibringen, immer wieder neu üben müssen, damit es auch an verschiedenen Orten funktionieren kann.

Erwarten Sie bitte nicht, dass Ihr Welpe, der zu Hause das „Platz" bereits aus dem „FF" beherrscht, auch dann ein perfektes Platz zeigt, wenn Sie sich mit ihm in der Stadt befinden. Insbesondere wenn viel Ablenkung hinzukommt, ist es dem kleinen Hund kaum noch möglich, auf das Gelernte zurückzugreifen. Es ist also absolut notwendig, alle Übungen auch unter verschiedenen Bedingungen zu machen!

Generalisierung

Generalisierung ist das, was Sie erreichen, wenn Sie das unter dem vorausgegangenen Punkt Beschriebene umsetzen. Da Hunde ja, wie besprochen, kontextbezogen lernen, ist es wichtig, Übungen an unterschiedlichen Orten, zu verschiedenen Zeiten, unter wechselnden Bedingungen zu wiederholen. Wenn das „Sitz" anfangs im Wohnzimmer klappt, wird es erst viele Wiederholungen später und nach dem Trainieren in unterschiedlichen Kontexten wirklich „sitzen".

Mitunter müssen Sie eine bereits bekannte Übung an einem neuen Ort erst einmal wieder vereinfacht trainieren – so wie zu Beginn jeder Übung: Kann Ihr Welpe bereits „Sitz" und „Bleib" im Wohnzimmer und schafft er es sogar, das auszuhalten, wenn sich die Menschen um ihn herum frei im Raum bewegen? Das ist toll! Wenn Sie nun aber im freien Feld ebenfalls „Sitz" und „Bleib" üben möchten, kommen viele neue Eindrücke und Störfaktoren hinzu: Vielleicht läuft in der Ferne ein anderer Hund, vielleicht riecht es hier besonders gut. Wind, Vogelgezwitscher, fremde Menschen ... Nahezu alles kann eine Ablenkung darstellen und Ihre Übung in einem neuen Kontext erschweren. Wenn Sie gezielt dafür sorgen wollen, dass das Gelernte generalisiert wird, so beginnen Sie die Übung in jeder neuen Umgebung am besten wieder von vorne und steigern sich dann entsprechend in dem, was Ihr Welpe schon leisten kann. So verhindern Sie, dass er überfordert wird und auf beiden Seiten Frustration entsteht.

Viele Wiederholungen

Wenn wir dem Welpen ein neues Kommando beibringen wollen, so sind normalerweise viele Wiederholungen nötig. Unter dem Punkt „klassische Konditionierung" haben wir aber bereits besprochen, dass auch eine einzige Lernerfahrung ausreichen kann, um eine bestimmte Reaktion des Hundes sehr nachhaltig zu festigen.

Wenn wir Welpen etwas Neues beibringen, arbeiten wir jedoch meistens mit operanter Konditionierung – und wenn es um neue

Kommandos geht, vor allem mit positiver Verstärkung. Und diese Erfahrung muss viele, viele Male an unterschiedlichsten Orten wiederholt werden. Wie oft? Manche Quellen sprechen von 1.000 – 2.000 Wiederholungen! Natürlich ist auch hier wieder jeder Hund ein bisschen anders und letztlich sind auch 1.000 Wiederholungen weitaus weniger, als es uns vorkommt: Alleine das Rufen des Hundes auf dem Spaziergang trainieren wir sicherlich mindestens zehnmal am Tag. Nach nur 100 Tagen, also etwa dreieinhalb Monaten, hätten wir diese 1.000 Wiederholungen bereits erreicht.

Wichtig ist hierbei natürlich, dass diese Wiederholungen auch unter wechselnden Bedingungen stattfinden! So kommen wir vom oben genannten kontextbezogenen Lernen zur Generalisierung und mithilfe vieler Wiederholungen letztlich zu recht gut gelernten und beinahe überall ausführbaren Kommandos – zumindest in der (Lern-)Theorie.

Die aktuelle Gesamtsituation

Schon in der Schule wird gerne darüber hinweggesehen, dass Kinder und Jugendliche keine Roboter sind, die jeden Tag die gleiche Leistung erbringen und sich gleichermaßen gut benehmen können. Jeden Morgen um 8 Uhr haben sie an ihrem Platz zu sitzen – mit gemachten Hausaufgaben versteht sich – und werden anhand dessen benotet. Ob das immer so richtig und gut ist, mag ich an dieser Stelle nicht diskutieren – wohl aber werden auch Sie wahrscheinlich wissen, dass kein Mensch jeden Tag in der Lage ist, 100 % zu geben. Ähnlich wie bei uns Menschen, so ist es auch mit den Hunden: Auch für sie ist das Lernen nicht immer gleich!

Ein vorangegangener anstrengender Tag, Langeweile, Müdigkeit, Aufregung, das aktuelle Stresslevel oder hormonelle Veränderungen können unseren Welpen das Lernen ebenso erschweren, wie uns Menschen. Wenn es einmal überhaupt nicht klappen will, dann stellen Sie sich doch die Frage, woran es liegen könnte.

Ihr junger Rüde kann sich kein bisschen konzentrieren und jammert tagein, tagaus? Nun, vielleicht ist er gerade schon unterwegs in die Pubertät und es gibt eine läufige Hündin in der Nachbarschaft? Ihr Welpe kann sich heute partout nicht konzentrieren und die Übungen funktionieren nicht? Vielleicht war der vorherige Stadtbesuch schon mehr als genug und er braucht eine Pause?

Wenn einfach nichts klappen will, dann atmen Sie lieber einmal tief durch, lassen Ihren Welpen Welpen sein und überlegen, ob vielleicht einfach gerade nicht der richtige Zeitpunkt ist. Ein Abbruch zugunsten Ihrer eigenen Nerven und derer des Hundes ist manchmal die bessere Wahl – so haben Sie Zeit, zu überlegen, woran es wohl gelegen haben könnte. Und später oder am nächsten Tag können Sie einen neuen Versuch starten.

Die Gesamtheit der Erfahrungen

Alle lernwirksamen Mechanismen wirken zusammen. Der Welpe macht unterschiedliche Erfahrungen und lernt dabei immer, in jedem Moment. Im Spiel, in unseren Übungen, indem er uns beobachtet, unsere Reaktionen einordnet und sich ausprobiert.

Indem er scheitert, etwas Neues testet, indem er Feedback von seiner Umwelt bekommt oder Belohnungen erhält und kleine Kunststücke lernt.

Über das Lernen des Hundes ließen sich eigene Bücher füllen. Daher beschränken wir es hier auf das, was wir für unsere späteren Übungen an Grundwissen benötigen. Übrigens funktionieren diese Übungen auch ohne das Grundwissen – aber wir werden handlungsfähiger und können unsere eigenen Hunde besser einschätzen und sie viel effektiver unterstützen, wenn wir die hier genannten Aspekte mit einbeziehen.

Was ist eigentlich die Sozialisierungsphase?

Gesondert zu nennen sei an dieser Stelle unbedingt noch die Rolle der für unsere Welpen so wichtigen Sozialisierungsphase. Welpen lernen in diesem Zeitfenster so viel und so schnell wie nie wieder in ihrem Leben! Der Grundstein für beinahe ihr gesamtes späteres Verhaltensrepertoire wird jetzt gelegt.

In der Sozialisierungsphase muss der kleine Hund also nahezu alle Verhaltensweisen erlernen, die er für den späteren Umgang mit seiner Umwelt benötigt.

Innerhalb dieser Phase sprechen wir auch von „prägungsähnlichem Lernen", denn die in dieser Zeit (nicht) gemachten Erfahrungen haben Einfluss auf das gesamte spätere Leben des Welpen und lassen sich kaum rückgängig machen oder aufholen!

Für Sie bedeutet das konkret:

Ihr Welpe ist zwischen der vierten und 16. Lebenswoche besonders aufnahmefähig. Je nach Rasse variiert dies: Einige Welpen entwickeln sich etwas langsamer, manche auch schneller. Im Großen und Ganzen ist dies aber das Zeitfenster, in dem wir den größten Einfluss auf die weitere Entwicklung des kleinen Hundes haben. Er lernt wahnsinnig schnell und effizient. Alle Erfahrungen, die er nun macht, können einen nachhaltigen Einfluss haben, der sich bis ins Erwachsenenalter zeigt.

Wenn Sie nun bis hierher aufmerksam gelesen haben, dann wissen Sie, dass der Welpe bereits sein eigenes Päckchen mit genetischen Besonderheiten und Vorerfahrungen mitbringt sowie dass es verschiedene Methoden gibt, erzieherisch einzuwirken. Alles, was Ihr Welpe bereits im Gepäck hat, greift nun ineinander mit Ihren Erziehungsbemühungen! Das ist ein großes Geschenk und sollte genutzt werden. Denn wenn wir jetzt wissen, welche Besonderheiten unser Welpe mitbringt und was er lernen soll, dann können wir ihm alle wichtigen Erfahrungen besonders gut zugänglich machen. Umgekehrt führt Verpasstes und Versäumtes möglicherweise zu Problemen, weil diese Erfahrungen nicht ohne Weiteres aufgeholt werden können. Dies zu vermeiden, ist gar nicht schwer und wird in diesem Buch noch ganz konkret für Sie veranschaulicht – sodass es wirklich jeder umsetzen kann!

Kommen wir aber zunächst zur dritten Säule einer erfolgreichen Welpenerziehung:

Kommunikation

Menschen und Hunde sind sich in vielerlei Hinsicht sehr ähnlich – außerdem gehen sie miteinander einzigartige, freundschaftliche Beziehungen ein. Wölfe leben in einer Familienstruktur, die unserer gar nicht unähnlich ist. So kommt es, dass wir uns mit ihren domestizierten Nachfahren, den Hunden, ausgesprochen gut verstehen! Nur leider scheitern wir häufig an genau diesem Punkt: dem Verstehen! Denn auch wenn uns vieles eint, so haben wir doch ganz häufig ein Kommunikationsproblem!

Ganz besonders wichtig ist es daher, dass ein jeder frischgebackener Hundebesitzer sich mit den Grundlagen der Kommunikation unter Hunden beschäftigt. Denn ohne dieses Grundwissen entstehen schnell Missverständnisse, die Ihnen im Alltag sprichwörtlich auf die Füße fallen können.

Wir beschränken uns hierbei auf die wichtigsten körpersprachlichen Signale, die auch für uns als Hundehalter relevant sind – denn mithilfe dieser können wir mit unseren Hunden sehr viel konkreter kommunizieren!

Digitale und analoge Kommunikation

Wer Watzlawick kennt, hat diese beiden Begriffe vielleicht schon einmal gehört:

Die analoge Kommunikation ist, entwicklungsgeschichtlich gesehen, älter und wesentlich umfassender als die digitale. Es ist nahezu unmöglich, durch bloßes Hören einer fremdsprachlichen Tonaufnahme zu verstehen oder zu erlernen, was die einzelnen Wörter bedeuten (digitale Kommunikation). Demgegenüber können wir uns in fremden Ländern mithilfe analoger Kommunikation (Mimik, Tonfall, Körpersprache) einigermaßen verständlich machen!

Vereinfacht gesagt, beinhaltet digitale Kommunikation vor allem das Verbale: die Wörter, denen wir eine Bedeutung geben – „Nein“,

„Komm", „Sitz" ... Analoge Kommunikation läuft hingegen in großen Teilen körpersprachlich ab. Außerdem zählt hier unter anderem noch der Tonfall der Stimme mit hinein.

Und auch, wenn Hunde viele Kommandos lernen und Wörter verstehen können, läuft ihre ureigene Kommunikation vor allem analog ab. Demgegenüber haben wir Menschen genau diese Art der Verständigung zu großen Teilen abgelegt. Zwar verraten unsere Mimik und Gestik auch heute noch eine ganze Menge, jedoch lernen wir Menschen, vor allem digital zu kommunizieren – an unsere analogen Kommunikationsformen erinnern wir uns vor allem dann, wenn wir gerade im Urlaub auf einem Basar stehen und irgendwie versuchen müssen, mit Händen und Füßen einen Preis zu diskutieren.

Hunde sind enorm anpassungsfähig und verstehen oft auch die Körpersprache des Menschen bald ganz hervorragend! Insbesondere bei Welpen ist es aber sehr hilfreich, Missverständnisse aufgrund falscher Körpersprache zu vermeiden – so versteht Ihr Hund Sie von Anfang an besonders gut und Sie ihn! Das stärkt nicht nur Ihr gesamtes Zusammenleben und Ihre Beziehung zueinander, sondern vereinfacht auch die Erziehung ungemein!

Wenn Mensch und Hund diesen Weg gehen, reicht später oftmals eine kleine Verlagerung Ihres Körpergewichts, um Ihrem Hund vollkommen wortlos mitzuteilen, was Sie gerade von ihm wünschen. Das sieht nicht nur gut aus, sondern macht es auch sehr einfach, im Alltag kleine kommunikative Signale auszutauschen.

Das kleine 1:1 der Kommunikation zwischen Mensch und Hund

Der Hund setzt neben olfaktorischen (geruchlichen) Signalen und einigen Lauten, wie dem Bellen, Knurren oder Winseln, vor allem seinen Körper ein. Und diese Art der Kommunikation mit dem Menschen versteht er auch bei weitem am besten. Es ist möglich, völlig wortlos mit Hunden zu kommunizieren und dabei sehr gut verstanden zu werden. In der Regel sprechen wir deutlich mehr mit Tieren, als es notwendig wäre. Dies ist auch einer der Gründe, warum wir dabei gerne von unseren geliebten Vierbeinern ignoriert werden.

Während wir das Knurren, Winseln und Bellen von Hunden meist intuitiv richtig einordnen können, sind wir bei rein körpersprachlichen Signalen bereits etwas hilfloser.

Kommunikation mit dem Hund ist ein sehr interessantes und umfassendes Thema. Es an dieser Stelle vollumfänglich zu erfassen und zu erläutern, ist daher ein Ding der Unmöglichkeit. Wir beschränken uns als auf das, was Sie für Ihren Welpen wirklich brauchen. Man könnte sagen: Sie bekommen hier das erste und wichtigste Handwerkszeug: das 1 x 1 der Kommunikation mit Ihrem Welpen!

Hunde kommunizieren sehr viel über:

- Blicke
- Anspannung und Entspannung der Muskulatur
- Verlagerung des Körperschwerpunkts
- Klein- bzw. Großmachen
- Zu- bzw. Abwenden
- Bewegungsrichtung (z. B. einen Bogen laufen)

Die häufigsten kommunikativen Missverständnisse zwischen Menschen und ihren Welpen entstehen durch unterschiedliche Vorstellungen in Bezug auf das Herstellen von Nähe und Distanz.

Dies bedeutet konkret:

Der Blick und die Körpersprache eines Hundes zeigen in der Regel recht klar, ob dieser gerade Abstand oder Nähe wünscht. Das können wir uns in der Kommunikation mit unserem Welpen zunutze machen. Die folgende Tabelle zeigt, welche körpersprachlichen Signale Sie aussenden können, um jeweils Abstand oder Nähe zu schaffen.

Distanz	Nähe
Blick auf den Hund gerichtet	Blick abgewandt
Körper ist dem Hund frontal zugewandt	Körper abgewandt, eventuell in die Hocke gehen
Körperhaltung angespannt und aufrecht, breitschultrig („selbstbewusst“)	Körperhaltung weich, Muskulatur bleibt locker
Körperschwerpunkt in Richtung des Hundes	Körperschwerpunkt „weg vom Hund“
Frontale Bewegung auf den Hund zu	Ggf. Laufrichtung vom Hund weg

Auf den Fotos ist deutlich zu erkennen, dass bei der körpersprachlichen Einforderung von Distanz ein gewisser Druck nach vorne entsteht. Obwohl der Welpe im linken Bild überhaupt nicht direkt angesprochen ist (der Blick und die Haltung des Menschen zeigen an ihm vorbei zu einem Punkt außerhalb des Bildes), lehnt er sich im Liegen zurück und nimmt wahr, dass hier Raum gefordert wird.

Das rechte Foto hingegen zeigt, wie Sie Raum geben können. Diese Körperhaltung signalisiert: Du darfst gerne näherkommen!

Gerade dann, wenn man zum ersten Mal einen Welpen bei sich aufnimmt, entstehen in den anfangs typische Missverständnisse, die wir an dieser Stelle einmal kurz erläutern – so können Sie diese direkt vermeiden. Die praktischen Übungen werden hierdurch noch erfolgreicher verlaufen!

Typische Missverständnisse zwischen Mensch und Hund:

1. **Rückruf:** Wir rufen den Hund und möchten, dass er zu uns kommt. Dabei stehen wir aber oft sehr aufrecht und gerade und schauen den Hund frontal an. Besonders ungünstig wird es, wenn der Mensch obendrein noch wütend wird und schimpft, weil der Welpe stehen bleibt und nicht näherkommt! Viele Welpen lassen sich hiervon verunsichern und können nicht so leicht herankommen, wenn der Körper des Menschen im Widerspruch zu seinem Rückruf steht. Besser ist es daher anfangs, sich beim Rufen des Welpen abzuhocken – oder sich als Steigerung sogar etwas von ihm abzuwenden bzw. wegzudrehen. Das versteht er körpersprachlich viel besser!

2. **Fußgehen beibringen:** Der Welpe soll nah an unserem Bein laufen, aber wenn wir uns zu ihm beugen, um ihn zu belohnen, üben wir körpersprachlich Druck auf ihn aus. Die meisten Welpen mögen es gar nicht gerne, wenn sich Menschen über sie beugen und sie dabei vielleicht sogar noch am Kopf anfassen. Besser ist es, beim Belohnen zu versuchen, etwas in die Knie zu

gehen oder das Gewicht auf den vom Welpen abgewandten Fuß zu verlagern.

3. **Ängstlicher Hund:** Viele Menschen versuchen, sich einem eher zurückhaltenden Hund zu nähern, indem sie sich typischerweise nach vorne beugen. Unsere Annäherungsversuche wären von deutlich mehr Erfolg gekrönt, wenn wir uns klein machen und etwas vom Hund abwenden würden. Sie könnten also einfach in die Knie gehen und sich dabei andeutungsweise in die andere Richtung drehen, statt sich über den Hund oder in seine Richtung zu beugen.

4. **Abstand herstellen:** Oft kommt es auch vor, dass wir uns Abstand wünschen. Etwa dann, wenn der Welpe uns zu arg in den Finger gebissen hat oder wenn er in unsere Füße schnappt. Instinktiv treten wir die Flucht an und bewegen uns vom Hund weg: Wir ziehen die Hand oder den Fuß zurück und versuchen, uns zu entfernen. Dies kann aber auch dazu führen, dass der Welpe seinen kleinen Angriff direkt noch einmal intensiviert, da unsere Körpersprache zu keinem Zeitpunkt deutlich anzeigt, dass wir Abstand wünschen. Wer Abstand möchte, sollte sich also nicht vom Welpen wegbewegen, sondern körpersprachlich eine Grenze ziehen: „Bis hierher, weiter nicht!“ Das ist in der Praxis mitunter gar nicht so leicht und wird unter „Beißhemmung“ später noch konkretisiert.

5. **„Ich versteh‘ nix!“** ... Wie oben besprochen, muss der Hund erst einmal lernen, einzelne Wörter überhaupt zu verstehen. So mancher geht davon aus, dass ein paar Grundkommandos „ab Werk“ mitgeliefert werden. In der Folge hört der Welpe dann vor allem „Nein“ und „Aus“ den lieben langen Tag ... Mit dem unschönen Nebeneffekt, dass er vor allem lernt, diese Wörter zu ignorieren! Dieses Missverständnis lässt sich besonders leicht vermeiden: Wir benutzen Kommandos erst dann, wenn wir dem Hund das entsprechende Verhalten schon beigebracht haben oder sicher sind, es herstellen zu können.

Beispiele für Situationen, in denen Körpersprache wichtig sein kann:

- Wenn Sie Ihren Hund heranrufen oder anlocken möchten.
- Bei der Übung „Nein“ und in allen anderen Situationen, in denen etwas verboten werden soll.
- Wenn Sie Ihren Hund auf Distanz halten möchten, etwa in der Übung „Bleib!“.
- Wenn Ihr Welpe Sie anspringt, beißt oder andere Verhaltensweisen zeigt, in denen Sie ihn auf Abstand bringen möchten.
- Wenn ein fremder Hund Ihren Welpen bedrängt und Sie diesen wegschicken möchten.
- Wenn zwei Hunde zu nah bei Ihnen spielen und Sie diese wegschicken möchten (Verletzungsgefahr).

Exkurs: Schwanzwedeln

„Oh, er wedelt mit dem Schwanz, er freut sich!“

Haben Sie das schon einmal gehört? Verlassen Sie sich bitte nicht darauf, dass ein schwanzwedelnder Hund freundlich ist. Die Rute hat eine wichtige kommunikative Funktion, aber die Auffassung, das Wedeln sei eine partout freundliche Geste, ist leider grundlegend verkehrt.

Vielmehr zeigt eine sich bewegende Rute vor allem an, dass der Hund erregt ist. Diese Erregung muss nicht freundlich sein. Achten Sie lieber auf die Gesamterscheinung des Hundes. Lockere Bewegungen, Spielaufforderungen, ein insgesamt eher weich wirkender Körper – das sind tendenziell besser einzuschätzende Anzeichen dafür, dass ein Hund freundlich gestimmt ist. Starrt ein anderer Hund Ihren Welpen dagegen an, hat eine insgesamt sehr steife Körperhaltung und bewegt dabei die erhobene Rute, so sollte Ihnen dieser Gesamteindruck zeigen, dass der andere Hund gerade wahrscheinlich nicht Freude und Spielbereitschaft ausstrahlt.

Mensch-Hund-Beziehung

Die vierte Säule der Welpenerziehung ist die Beziehung zwischen Mensch und Hund. Sie stellt einen der wichtigsten Einflussfaktoren dar, wenn es um die Frage geht, ob Gelerntes auch in Ihrem Sinne umgesetzt wird. Denn lernen können Hunde ganz viel und ganz wunderbar. Ob Ihr Welpe aber auch auf Ihre Kommandos hört, hat sehr viel damit zu tun, wie sich die Beziehung zwischen Ihnen und Ihrem Vierbeiner darstellt.

Sind Sie selbst angestellt oder waren Sie es schon einmal?

Wie stellen Sie sich einen guten Chef vor? An welchen Kollegen orientieren Sie sich besonders gerne? Wem schenken Sie Vertrauen, wem nicht?

Vorgesetzte sind auch nur Menschen: Manche sind cholerisch und unberechenbar, einige werden schon bei geringem Stress gleich ganz flatterig. Es gibt auch Chefs und Vorgesetzte, die wahnsinnig lieb sind, dabei aber kaum ernst genommen werden.

Wenn wir uns einen richtig guten Chef, Teamleiter oder Vorgesetzten vorstellen, dann haben wir in der Regel eine recht eindeutige Idee von dem, was wir als besonders vertrauenswürdig, kompetent – und vielleicht auch sympathisch – einordnen.

Nun steht ab und an die Diskussion im Raum, ob Hunde nicht als Freunde und vollkommen gleichberechtigt behandelt werden sollten. Demnach wären die hier gezogenen Parallelen zu Vorgesetzten und Mitarbeitern nicht angemessen. Schließlich wollen wir ja einen guten Freund, einen Kumpel. Und Chef spielen, das möchte vielleicht gar nicht jeder Hundebesitzer. Das müssen Sie auch nicht! Die Wahrheit ist aber, dass es Hunden ausgesprochen guttut, sich an jemandem orientieren zu dürfen. Und Menschen, wie auch Hunde, tun dies gerne, wenn die Person, die in der Verantwortung ist, einen guten Job macht.

Dabei müssen wir weder besonders cholerisch und leicht aus der Ruhe zu bringen sein noch überfreundlich. Beides ist eher kontraproduktiv und führt dazu, dass unsere Hunde uns nicht als besonders vertrauenswürdig ansehen können. Wie soll der Welpe lernen, uns zu vertrauen und uns die wichtigen Entscheidungen zu überlassen bzw. auf uns zu hören, wenn wir uns entweder vollkommen unberechenbar und unangemessen, oder aber wie ein persönlicher Butler verhalten und ihm alle Wünsche von den Augen ablesen?

Wer seinen Hund bedient, als sei er selbst das Servicepersonal, und wer seinem Welpen von morgens bis abends alle Wünsche erfüllt, der läuft ganz schnell Gefahr, in den Momenten, in denen es um Wichtigeres geht, nicht ernst genommen zu werden. Denn: Einen Kollegen, der nie eine eigene Meinung hat, den ganzen Tag nach meiner sprichwörtlichen Pfeife tanzt und sowieso nur tut, was ich möchte, den werde ich wohl kaum zurate ziehen, wenn es wirklich um etwas geht. Oder?

Wer es schafft, diesen Hintergrund mitzubeachten, dem wird die gesamte Erziehung des Welpen deutlich leichter fallen! Seien Sie ein guter Vorgesetzter, dem man gerne folgt. Und Ihr Welpe wird es einfacher haben, sich gerne an Ihnen orientieren und Ihnen wichtige Entscheidungen eher überlassen, weil er gelernt hat, dass Sie in der Lage sind, solche Entscheidungen zu treffen!

Ein guter Vorgesetzter:

- bleibt gelassen und bewahrt einen kühlen Kopf, auch wenn es einmal stressig wird
- trifft Entscheidungen
- ist fair
- bleibt standhaft
- ist empathisch und nimmt Probleme ernst
- geht Konflikten nicht aus dem Weg
- übernimmt Verantwortung
- ist freundlich
- kann auch ein ernstes Wort sprechen, wenn es notwendig ist
- lässt sich nicht respektlos behandeln

In Bezug auf Hundehaltung bedeutet dies, dass Sie im Umgang mit Ihrem Welpen Fairness walten lassen und freundlich sein sollten, aber dennoch gewisse Grenzen zu setzen haben. Ein Mensch, an dem sich Hunde gerne orientieren, richtet seine Aufmerksamkeit nicht den ganzen Tag auf den Hund, sondern viel mehr auf sich selbst und auf die Dinge, die drumherum geschehen. Er trifft Entscheidungen und signalisiert dadurch, dass er die Situation im Griff hat. Und je mehr er das im Alltag tut, desto mehr lernt der Welpe, dass hier Verlässlichkeit herrscht.

Wir sollten darauf achten, dass die grundlegenden Bedürfnisse unserer Welpen nach Bewegung, Sozialkontakt, gutem Futter und dem Erkunden der Umwelt befriedigt werden! Dies ist wichtig für ihre Entwicklung! Und gleichzeitig sollten wir klar zeigen, dass wir der Fels in der Brandung sind, nach dem sich schlussendlich gerichtet wird – und dass wir unsere Entscheidungen nicht nur anhand dessen treffen, was dem Welpen gerade alles so einfällt.

Hierzu gehört:

- Ihr Welpe möchte gerade spielen, Sie würden aber lieber erst Ihren Kaffee in Ruhe austrinken? Lassen Sie den Welpen ruhig einen Moment warten. Er lernt dadurch, geduldig zu sein und dass Sie selbst entscheiden, wann Sie spielen möchten.
- Sie möchten gerne jetzt und hier auf dieser Bank sitzen, Ihr Welpe zieht und zerrt aber zu anderen Hunden? Sie müssen deswegen jetzt nicht aufstehen. Im Gegenteil: Bleiben Sie entspannt sitzen und verabreden Sie mit den anderen Hundebesitzern, falls möglich, dass Ihr Welpe erst dorthin darf, wenn er sich ein wenig beruhigt hat. Beachten Sie Ihre eigenen Bedürfnisse und zeigen Sie Ihrem Welpen am besten schon früh, dass er nicht ans Ziel kommt, indem er an Ihnen zieht.
- Sie sind eigentlich noch gar nicht ganz fertig im Bad, aber Ihr Hund möchte am liebsten jetzt schon Futter haben und versucht, Sie dazu zu bewegen, ihn als Erstes zu füttern? Sie müssen jetzt nicht gleich zum Futter rennen. Bleiben Sie bei sich und gehen Sie dann zum Futter, wenn der Zeitpunkt gekommen ist.

- Ihr junger Hund steht alle 10 Minuten vor der Terrassentür und verlangt, dass ihm diese geöffnet wird? Es gibt Menschen, die jetzt immer und immer wieder reagieren. Wenn der Welpe sich bereits lösen konnte und definitiv mit allem versorgt ist, dann müssen Sie ihm diesen Gefallen nicht andauernd tun.
- Ihr Welpe liegt auf dem Sofa, aber der Besuch möchte dort sitzen? Es ist absolut vertretbar, den Hund auf seinen Platz zu schicken, damit der Mensch die ihm zugedachten Möbel nutzen darf.

Wir sollten nicht vergessen, dass unsere Welpen uns von Anfang an beobachten – den lieben langen Tag! Wenn wir es schaffen, ihnen zu signalisieren, dass wir die Lage im Griff haben und dass sich nicht das ganze Universum um sie dreht, dann tut das sowohl dem Hund gut als auch dem Menschen. Hunde, die dies von Beginn an lernen, sind ihr Leben lang tendenziell entspannter. Menschen, deren Hunde dies gelernt haben, können davon ausgehen, dass die gesamte Erziehung besser funktioniert: Denn wenn ich zu Hause in der Lage bin, Entscheidungen zu treffen, dann werden diese auch draußen viel besser vom Hund angenommen. Wenn ich umgekehrt den gesamten Tag damit verbringe, meinem Hund jeden Wunsch von den Augen abzulesen, so wird er draußen sicherlich nicht auf die Idee kommen, dass unsere Wünsche vorgehen. Dies wäre aber von Vorteil, spätestens wenn wir das erste Mal einem Reh begegnen und darauf hoffen, dass der Rückruf funktioniert ...

Mitnichten geht es darum, dass Hunde:

- nicht im Bett schlafen dürfen
- immer aufstehen müssen, wenn jemand vorbeigehen möchte
- niemals etwas vom Tisch fressen dürfen
- immerzu der Küche fernbleiben müssen
- nie eigene Entscheidungen treffen dürfen

Diese Regeln können Sie natürlich festlegen und so einhalten. Je nachdem, wie es Ihnen beliebt. Und wenn Sie möchten, dass Ihr Hund im Bett schlafen oder auf dem Sofa liegen darf, dann ist das erst einmal Ihre Entscheidung. Stellen Sie nur sicher, dass Sie auch diejenige Person sind, die das letzte Wort hat und im Zweifel entscheiden darf, ob der Hund heute auf dem Sofa bleiben darf oder es freigeben muss. Meine Hunde dürfen sehr viel. Aber sie diskutieren nicht, wenn ich sie darum bitte, die Küche zu verlassen, weil ich gerade den Platz zum Kochen oder für meine Gäste benötige.

Es geht also nicht darum, dass Sie immerzu feste Regeln haben und den Hund mit diesen „klein" halten. Sie sollten lediglich wachsam sein und darauf achten, dass Sie Privilegien verteilen dürfen und Ihr Hund diese nicht pausenlos einfordert!

Zusammenfassung

Gerade dann, wenn Menschen zum ersten Mal im Leben einen Welpen bei sich zu Hause aufnehmen und ihn von Grund auf selbst erziehen wollen, stehen sie vor einer Menge Fragezeichen. Nicht selten ist es außerdem so, dass fast jeder, den man trifft, bereits eine eigene Meinung zu der Thematik hat. Manchmal lassen sich die frischgebackenen Hundebesitzer dann verunsichern und es wird Ihnen ganz sicher passieren, dass Sie an dem einen oder anderen Tag nicht weiterwissen und sich fragen, ob Sie dieses oder jenes Problem wohl wirklich in den Griff bekommen werden.

Seien Sie sich ganz sicher: Mit dem Wissen um die vier Säulen der Welpenerziehung haben Sie nicht nur anderen Hundehaltern, sondern auch dem einen oder anderen Trainer schon einiges voraus. Wer es schafft, diese Inhalte zu erfassen und mit in sein Training einzubeziehen, wird handlungsfähiger und kann sich selbst viel besser helfen.

Ich empfehle daher jedem Welpenbesitzer, sich über diese Komponenten der Hundeerziehung frühzeitig zu informieren.

Alle vier Säulen – die Rahmenbedingungen, das Lernen, die Kommunikation und die Mensch-Hund-Beziehung – haben gleichermaßen Einfluss auf die Entwicklung des Hundes und die Erziehung. Behalten Sie dies stets im Hinterkopf und versuchen Sie, falls einmal Probleme und Schwierigkeiten mit Ihrem Welpen entstehen, immer wieder zu reflektieren, ob Ihre Problematik nicht vielleicht mit einem dieser Aspekte zusammenhängt. Dann findet sich auch die Lösung schon sehr bald.

An dieser Stelle wechseln wir nun aber direkt in die Praxis, denn schließlich zieht Ihr Welpe ein. Oder ist er bereits da? Dann haben Sie sicherlich eine ganze Menge Fragen, die ich Ihnen mit Freude beantworten werde!

Beginnen wir damit, diejenigen Punkte zu besprechen, die Ihnen bereits vor dem Einzug des Welpen dabei helfen, alles optimal vorzubereiten.

Ein Welpe zieht ein!

In diesem Kapitel geht es um all diejenigen Punkte, die Sie bereits vor dem Einzug erledigen können. Ein Blick darauf schadet natürlich auch dann nicht, wenn Ihr Welpe bereits eingezogen ist – vielleicht sind noch ein paar spannende Punkte dabei, die Ihnen noch weiterhelfen können.

Den richtigen Welpen finden

Wir haben eingangs bereits besprochen, dass Hunde ihre ganz eigenen Voraussetzungen mitbringen. Genetik und Vorerfahrungen haben einen großen Einfluss auf das, wie sich Ihr Welpe bei Ihnen zeigen wird.

Wenn es von Ihrer Seite nur wenig Einschränkungen gibt – Sie zum Beispiel sehr ländlich wohnen, keine Kinder und viel Zeit haben, dann ist es möglicherweise so, dass fast jeder Hund bei Ihnen leben könnte. Sofern Sie selbst mit ihm zurechtkommen. Dann sind Sie auch in der Suche nach einem Welpen nur wenig eingeschränkt.

Wenn Sie aber selbst bestimmte Wünsche und Anforderungen mitbringen, dann sollten Sie diese natürlich mit einbeziehen. Je spezifischer Ihre Wünsche, desto besser ist es, viel über den Welpen und seine Herkunft zu wissen.

Im Folgenden erfahren Sie daher, wie Sie sowohl beim Züchter als auch im Tierschutz oder bei Privatleuten erfolgreich nach dem passenden Begleiter suchen können.

So finden Sie einen guten Züchter

Gute Züchter:

- haben eine saubere Anlage, die Sie auch sehen dürfen
- haben oft eine Wartezeit auf ihre Welpen
- können Papiere zu ihren Tieren vorlegen
- haben Nachweise über einen einwandfreien Gesundheitszustand ihrer Hunde
- stellen Ihnen offizielle Zuchtpapiere aus
- zeigen Ihnen die Elterntiere
- sind gerne zu Auskünften bereit
- stellen auch Fragen zu Ihnen und Ihrem Zuhause
- nehmen sich für jeden Welpenkäufer Zeit
- lassen Sie in der Regel gerne auch mehrmals vor dem Abholen des Welpen zu Besuch kommen
- gewöhnen die Welpen bereits an unterschiedliche Umweltreize
- haben Hunde, die gesund aussehen
- haben Welpen, die ohne Scheu auf Menschen zugehen
- haben nicht besonders viele Würfe (Eine Hündin sollte maximal in jeder zweiten Läufigkeit belegt werden)

So erkennen Sie einen passenden Tierschutzhund

Bei Tierschutz- und Tierheimwelpen müssen Sie sich auf die Mitarbeiter der Institution und deren Auskünfte verlassen. Welpen unbekannter Herkunft werden insbesondere im Auslandstierschutz gerne als „Labrador-Mix“ oder „Beagle-Mix“ verkauft. Sie können mit großer Sicherheit davon ausgehen, dass im Ausland aufgelesene Welpen, deren Eltern man nicht kennt, wahrscheinlich keine Mischlinge uns bekannter Rassehunde sind.

Straßenhunde gehören sehr selten einer Rasse, wie zum Beispiel dem Labrador, an. Rassehunde werden auch in anderen Ländern teuer gehandelt und dann gut unter Verschluss gehalten – ich habe hier auf Kreta noch nicht einen freilaufenden Rassehund gesehen. Zumindest nicht ohne seinen Besitzer in der Nähe. Manchmal werden Rassehunde befreit und gerettet, weil sie unter erbärmlichen

Bedingungen gehalten werden. Verlassen Sie sich aber bei Welpen, deren Eltern Sie nicht sehen können, nicht darauf, dass diese wirklich eine Mischung aus bestimmten Rassen darstellen. Viel wahrscheinlicher ist nämlich, dass der kleine Mix entweder ein völlig bunt zusammengewürfelter Senfhund ist oder dass einer seiner Vorfahren einer Rasse angehört, die im jeweiligen Land eben häufig vorkommt. Je nach Land und Gegend können dies zum Beispiel Jagdhunde wie der Podenco sein oder auch Herdenschutzhunde.

Behalten Sie dies nur im Hinterkopf, um Überraschungen zu vermeiden.

Einen passenden Tierschutz- oder Tierheimhund finden Sie:

- über das Personal, das Ihnen Auskünfte über die Welpen gibt
- indem Sie etwas über die Vorfahren der Welpen erfahren

Im besten Fall

- sind die Eltern – oder zumindest die Mutter – bekannt
- kann das Personal oder die Pflegestelle etwas zum Charakter und der voraussichtlichen Endgröße sagen
- sind die Welpen bereits recht offen und kommen auf den Menschen zu

Ein Welpe, bei dem man nicht genau weiß, was drinsteckt, ist immer eine kleine Überraschungstüte. Dies ist kein Grund, einen solchen Welpen nicht bei sich aufzunehmen! Es macht lediglich Sinn, sich ein bisschen genauer zu informieren und zu versuchen, sich herbei nicht nur von Mitleid und „Schockverliebtheit" leiten zu lassen. Wenn Sie einen Hund mit ganz spezifischen Eigenschaften suchen, der zum Beispiel für den Hundesport geeignet oder ganz besonders kinderfreundlich sein soll, dann ist es sinnig zu versuchen, etwas mehr über die Herkunft und den Charakter des Welpen herauszufinden – oder sich etwas mehr Zeit für das Kennenlernen zu nehmen.

So erkennen Sie einen passenden Hund aus Privathand

Wenn ein Wurf Welpen bei Privatleuten geboren wird oder auch auf einem Bauernhof, so kann dies ebenfalls eine tolle Möglichkeit sein, einen Hund zu finden. Einen passenden Hund erkennen Sie daran, dass:

- die Elterntiere charakterlich zu Ihren Wünschen passen
- die Elterntiere gesund sind (Nachweise einzusehen ist hier meist schwieriger)
- Sie mindestens die Mutter zusammen mit den Welpen sehen dürfen
- die Welpen ohne Scheu auf Menschen zugehen
- die Verkäufer gerne zu Auskünften bereit sind
- die Verkäufer selbst Fragen stellen und Interesse daran haben, wo der Welpe leben soll

Hunde von Bauernhöfen lernen manchmal nicht besonders viel kennen, da sie viel Zeit im Stall verbringen. Außerdem haben ihre Eltern häufig einen „Job". Achten Sie bei Hunden von Höfen vor allem darauf, wie sich die Elterntiere gegenüber Ihnen verhalten und ob es sich gegebenenfalls um Arbeitsrassen handelt. Ein Hütehund, dessen Eltern an Schafen gearbeitet haben, ist möglicherweise nicht ganz so gut geeignet als Familienhund in Berlin-Mitte!

Warnzeichen – Kaufen Sie einen solchen Welpen besser nicht!

Kennen Sie den Begriff „Wühltischwelpen"? Leider werden vielfach Hunde unter schlimmsten Bedingungen vermehrt und dann regelrecht verscherbelt. Kaufen Sie auf keinen Fall Welpen:

- deren Eltern Sie nicht sehen dürfen
- die auf einem Rastplatz oder auf andere Weise merkwürdig anmutend übergeben werden sollen
- die stinken, ungepflegt aussehen oder krank wirken
- die auffallend „billig" als Rassehunde verkauft werden
- bei denen Sie das Gefühl haben, dass die Verkäufer sich merkwürdig verhalten

Mit jedem Welpen, der aus solchen Verhältnissen übernommen wird, unterstützen wir den illegalen Handel. Dies passiert leider viel zu oft. Seien Sie daher unbedingt wachsam und achten Sie auf die hier genannten Punkte zum Erkennen eines passenden Welpen.

Was kostet ein Welpe eigentlich?

Für Hundehaltung kann man sehr viel Geld ausgeben - nach oben sind kaum Grenzen gesetzt. Hier erfahren Sie, was die grundlegendsten Dinge kosten. Nicht zu vergessen ist dabei, dass die Tierarztkosten schnell in die Höhe schießen können, wenn der Hund wirklich einmal krank oder verletzt ist. Wer möchte, kann daher auch eine Hunde-Krankenversicherung abschließen. Diese Kosten sind aber in der folgenden Auflistung nicht mit einkalkuliert, sodass Sie sich vorab überlegen sollten, wie Sie im Falle des Falles die Arztkosten begleichen können.

Davon abgesehen kann man einen Hund recht günstig halten:

Anschaffung:

Herkunft	Preis (ca.)
Tierschutz/Tierheim	250–350 Euro
Züchter	600–1.500 Euro
Privatverkauf	400–800 Euro

Natürlich gibt es in allen drei Kategorien auch noch weitere Ausreißer nach unten und nach oben.

Mittlerweile gibt es zum Beispiel gezielte Verpaarungen unterschiedlicher Rassen. Diese Mischlinge werden dann ebenfalls recht teuer gehandelt. Das beliebteste Beispiel ist der „Labradoodle“, bei dem etwa Labrador und Pudel miteinander verpaart werden.

Einige Rassen und „Designerhunde", die als besonders edel angesehen werden, können Sie daher für bis zu 3.000 Euro finden. Ob Sie diesen Preis als angemessen erachten, ist eine andere Frage.

Erstausstattung und Erstversorgung beim Tierarzt

Tatsächlich brauchen Sie zu Beginn gar nicht besonders viel. So lohnt sich das teure orthopädische Designerhundebett in der Regel erst nach dem Zahnwechsel (da es sonst schnell Opfer der spitzen Zähnchen wird und unter dem Kaudrang des jungen Hundes leidet und Halsband, Geschirr und Leine werden anfangs ebenfalls günstig gekauft. Zum einen, weil der Welpe noch wächst und später ein größeres Halsband oder Geschirr benötigt, zum anderen, weil auch die Leine nicht selten zerbissen wird. Später können Sie diese Gegenstände noch einmal erneuern und gegen Hochwertigeres austauschen. Preislich sind nach oben hin dann kaum Grenzen gesetzt, wobei das exemplarisch genannte orthopädische Designerhundebett mitunter mehr unserem eigenen Wohlgefühl als dem des Hundes dient. Letzterem schadet es allerdings auch nicht.

Für eine günstige Basis-Erstausstattung können Sie in etwa folgende Kosten einplanen. Mehr auszugeben, ist dabei natürlich problemlos möglich.

Außerdem sollten Sie nicht vergessen, dass die ersten Untersuchungen und Impfungen beim Tierarzt bereits bald nach dem Einzug anstehen.

Ausgaben	Preis (ca.)
Ein Wasser- und ein Futternapf	Zusammen 20 Euro
Decke	Anfangs reicht ein altes Handtuch oder eine ältere Decke: 0 Euro
Halsband, Geschirr	30–40 Euro für beides
Leine (2 m, verstellbar)	15–20 Euro

Spielzeug, Kauwurzel	30–40 Euro
Kausnacks (Rinderhautknochen etc.) und Leckerchen	20–30 Euro
Erste Futterration	15–50 Euro
Bürste	10–20 Euro
Transportbox	30 – 200 Euro (abhängig von der Art der Box und der endgültigen Hundegröße)
Zeckenzange	5 Euro
Grundimmunisierung und ggf. erste Wurmkuren nach gängigem Schema beim Tierarzt	150–250 Euro
Gesamtkosten	325–675 Euro

Einige der hier aufgeführten Kosten sind vorab schwer zu kalkulieren, da sie stark von der Größe des Hundes und Ihren jeweiligen Wünschen abhängen. Eine teure Transportbox wird zum Beispiel meist im Auto benötigt. Vielleicht haben Sie aber einen sehr kleinen Hund und möchten diesen lediglich ab und zu in einer kleinen Kunststoffbox sicher unterbringen können. Oder Sie transportieren den Hund sowieso im sicher abgegitterten Kofferraum und wünschen für daheim keine Box – dann fällt dieser Punkt weg.

Grundsätzlich benötigt man für einen Welpen gar nicht so besonders viel – auf alle Fälle ist es deutlich weniger, als uns die gängigen Werbeprospekte gerne glauben machen. Wem es Freude bereitet, mehr zu kaufen, dem sei dies natürlich gegönnt!

Laufende Kosten

Die laufenden Kosten für den Unterhalt eines Hundes können extrem variieren. Hierbei haben vor allem Hundegröße und Gesundheitszustand sowie Ihre persönlichen Präferenzen einen großen Einfluss. Ein kleiner Hund braucht weniger Futter. Letzteres gibt es in unterschiedlichsten Preiskategorien. Und ob Sie Ihren Hund nebenbei noch mit vielen Extras verwöhnen möchten, liegt ganz bei Ihnen. Auch der Besuch einer Hundeschule kann die Kosten in die Höhe treiben, ist dabei aber oft sehr empfehlenswert!

Ausgaben	Kosten jährlich
Futter	200–1.200 Euro
Kausnacks und Leckerchen	0–200 Euro
Ersatz für Abgenutztes und Aussortiertes (Decken, Leinen etc.)	80–150 Euro
Haftpflichtversicherung	60–120 Euro
Hundesteuer	50–1.000 Euro (mancherorts für Listenhunde)
Auffrischungsimpfungen und Tierarztbesuche	150–200 Euro
Gesamtkosten	540–2.670 Euro

Wenn Sie sich außerdem für den Besuch einer Hundeschule entscheiden, sind bei Gruppenstunden etwa 10 – 20 Euro pro Teilnahme zu berechnen. Einige Hundetrainer nehmen auch eine monatliche Gebühr oder bieten Pakete mit einer bestimmten Anzahl von Stunden an. Überdies gibt es mittlerweile die Möglichkeit, Online-Kurse oder Webinare zu buchen, welche es in unterschiedlichsten Preis- und Umfangskategorien gibt.

Welches Futter braucht mein Welpe?

Die wichtigsten Futterarten gibt es hier im schnellen Überblick. In allen Fällen gilt: Extrem billiges Futter ist selten wirklich gut. Umgekehrt muss das teuerste Futter nicht immer das beste sein. Es lohnt sich ein Blick auf die Inhaltsstoffe: Ein hoher Fleischanteil und viele natürliche Zutaten sind ein gutes Indiz dafür, dass das Futter hochwertig ist.

In der Regel wird empfohlen, dass der Welpe im neuen Zuhause zunächst einmal das Gleiche erhält, was er auch in seinem bisherigen Wirkungskreis zu fressen bekam, also zum Beispiel beim Züchter. Für den Wechsel auf ein neues Futter sollte man dann langsam von einem auf das andere Futter übergehen, indem man zunächst der alten Futtersorte etwas von der neuen untermischt und dann den Anteil des neuen Futters über einige Tage steigert, bis man schließlich die gesamte Futterportion auf das neue Futter umgestellt hat.

Reste des alten Futters kann man dann weiterhin untermischen – oder als Leckerchen verfüttern.

Wenn ein solcher Wechsel nicht möglich sein sollte, dann ist auch eine schnellere Umstellung in der Regel kein großes Problem. Hunde können verschiedenste Nahrungsmittel sehr gut verwerten. Die meisten gesunden Welpen verkraften auch einen schnellen Wechsel des Futtermittels ohne großartige Nebenwirkungen, wenngleich ein behutsamer Übergang gerade bei sensiblen Tieren sicherlich vorzuziehen ist.

Welpenfutter – ja oder nein?

Welpen haben andere Ansprüche an Futter als erwachsene Hunde. Aus diesem Grund gibt es spezielles Welpenfutter. Bei sehr groß werdenden und schnell wachsenden Hunden raten Tierärzte manchmal dazu, schon früher auf Adult-Futter umzustellen, um ein „Hochschießen“ der Hunde zu vermeiden. Zu schnelles Wachstum und zu viel Gewicht auf den Gelenken begünstigen Erkrankungen wie die Ellenbogengelenksdysplasie und die Hüftgelenksdysplasie. Wichtig ist daher neben dem Kauf eines guten Welpenfutters vor allem eine gewissenhafte Rationierung. Tatsächlich gilt hier: Weniger ist mehr. Vermeiden Sie unbedingt, dass Ihr Welpe „dick“ wird. Füttern Sie anfangs lieber etwas zurückhaltender und erhöhen Sie dann die Menge. Die weitaus wenigsten Hunde sind zu dünn – das Gegenteil ist häufig der Fall und führt insbesondere im Wachstum zu Problemen. Ihr Tierarzt wird Sie hierzu gerne beraten, falls Sie sich unsicher fühlen bei der Einschätzung des Gewichts.

Trockenfutter

Das gute alte Trockenfutter. Es gibt unzählige Marken und unterschiedliche Sorten. Die Kroketten von normalem Trockenfutter quellen im Magen auf, was manchmal kritisch gesehen wird: Es gibt Anhaltspunkte dafür, dass dies bei einigen Rassen das Vorkommen von Magendrehungen begünstigen könnte. Schlussendlich bewiesen ist dies jedoch noch nicht. Grundsätzlich ist gegen ein hochwertiges Trockenfutter aber nichts einzuwenden. Wer diesen Effekt dennoch gerne vermeiden möchte, kann auf halbfeuchtes Futter zurückgreifen.

Halbfeuchtes Futter

Halbfeuchtes Hundefutter bringt alle Vorteile des praktisch zu dosierenden Trockenfutters mit sich, quillt aber in der Regel nicht auf. Es ist etwas schwerer als normales Trockenfutter, weil es mehr Feuchtigkeit enthält. Besonders schonende Herstellungsverfahren sollen sicherstellen, dass viele Nährstoffe enthalten bleiben. Die soften Pellets schmecken den meisten Welpen sehr gut.

Kaltgepresstes Futter

Kaltgepresstes Futter soll, ähnlich wie halbfeuchtes Futter, wenig oder gar nicht im Magen aufquellen. Zudem wird damit argumentiert, dass die Nährstoffe aufgrund der vergleichsweise niedrigen Herstellungstemperaturen besser erhalten bleiben.

Feuchtfutter aus der Dose

Feuchtfutter aus der Dose lieben viele Hunde ganz besonders. Dieses quillt natürlich überhaupt nicht auf. Die Bandbreite reicht von Discounter-Dosen bis hin zu wahrem Gourmet-Futter, bei dem sich der Mensch nach dem Öffnen fragt, ob das wohl wirklich für den Hund sei.

Manche Hunde vertragen Dosenfutter besser als Trockenfutter. Ein großer Nachteil ist, dass Dosenfutter deutlich schwerer zu transportieren und zu lagern ist, da es nicht so komprimiert ist wie Trockenfutter.

BARF – Biologisch Artgerechtes Rohes Futter

Wo wir bei Lagerungsschwierigkeiten wären ... BARF ist in aller Munde und füllt die heimischen Kühltruhen gerne bis zum Zerbersten. Gefrorene Fleischportionen - angereichert mit Gemüse und unterschiedlich zusammengestellt - werden einfach aufgetaut und roh verfüttert. Diese Art zu füttern soll der natürlichen Ernährung des Hundes - oder seines Vorfahren, des Wolfes - am nächsten kommen.

Viele Hunde vertragen dieses Futter tatsächlich sehr gut. BARF-Freunde loben glänzendes Fell, blitzblanke Zähne und den generellen Gesundheitszustand ihrer Tiere. Der angenehme Nebeneffekt ist die unvergleichlich gute Verwertbarkeit des Futters: Hunde, die gebarft werden, setzen viel weniger Kot ab.

Sollten Sie Ihren Welpen barfen wollen, ist ratsam, entweder für Welpen gedachte Mischungen zu kaufen oder sich gut beraten zu lassen. Denn die richtige Zusammenstellung ist wichtig, um den Hund optimal zu versorgen und andererseits von bestimmten Dingen (etwa Innereien und Knochen) nicht zu viel zu füttern.

Es gibt einige sensible Hunde, die mit BARF nicht zurechtkommen. Sollte dies bei Ihnen der Fall sein, spricht absolut nichts dagegen, auf ein stärker verarbeitetes, industriell hergestelltes Futter umzustellen, das der Verdauung des Hundes weniger Schwierigkeiten bereitet.

Kausnacks und Leckerchen

Rinderhautknochen, Schweineohren, getrockneter Pansen, Trainingsleckerchen und Co. sind bei Hunden äußerst beliebt! Kleine Leckerlis für das Training sind eine gute Sache, jedoch können Sie hierfür auch getrost zu der günstigeren Variante greifen: ein leckeres Trockenfutter, das Ihr Welpe sonst nicht bekommt.

Ein wenig Vorsicht ist geboten bei allem, was aus totem Tier besteht: Zwar lieben Hunde diese tollen Snacks ganz sicherlich und insbesondere im Zahnwechsel sind sie unbeschreiblich nützlich, jedoch enthalten sie sehr große Mengen an Protein! **Manche Welpen besonders aktiver Rassen** können hierauf empfindlich reagieren. Beobachten Sie, ob Ihr Welpe nach dem Verzehr größerer Mengen besonders aufgedreht wirkt und kaum zur Ruhe zu bringen ist: Erfahrungsgemäß gibt es hier manchmal einen direkten Zusammenhang mit großen Proteinmengen.

Essensreste

Essensreste sind nicht generell tabu, aber Sie sollten ein paar Grundregeln beachten und außerdem auch die weiter unten aufgeführten giftigen Nahrungsmittel kennen. Zu vermeiden sind auf jeden Fall:

- sehr stark gewürzte und gesalzene Speisen
- gekochte Hühnerknochen (können splittern, ebenso wie andere dünne oder hohle gegarte Knochen)
- extrem Fettiges
- Süßigkeiten jedweder Art

Geeignet sind zum Beispiel:

- übrig gebliebene Nudeln
- Obst
- Kartoffeln
- Reis
- Fleisch
- Gemüse

- Joghurt
- Eier
- Käse

Was Welpen nicht fressen dürfen

Ein paar Dinge sind für Hunde nicht nur ungesund, sondern sogar giftig. Besonders relevant sind hier einige Pflanzen und Lebensmittel:

Pflanzen	Nahrungsmittel
Rhododendron	Alkohol
Efeu	Koffein
Lorbeer	Schokolade (je mehr Kakao, desto giftiger)
Fingerhut	Weintrauben
Stechpalme	Rohes Schweinefleisch, besonders Wildschwein (kann ein tödliches Virus übertragen, gegartes Schwein ist unproblematisch)
Flieder	Erythrit
Frühlingsblumen: Tulpe, Maiglöckchen, Hyazinthe, Krokus, Schlüsselblume, Primel	

Alte, trockene Äste sind in der Regel kein Problem. Achten Sie jedoch darauf, dass die Pflanzen, die Ihr Welpe ankaut (und das tun Welpen sehr gerne!), keine Vergiftungen hervorrufen können.

Die Liste erhebt keinen Anspruch auf Vollständigkeit. Wenn Sie sich unsicher sind, fragen Sie am besten noch einmal beim Tierarzt nach.

Vorbereitungen treffen

Schon bevor der Welpe einzieht, können Sie einiges dafür tun, das Zusammenleben von Beginn an zu erleichtern. Selbstredend gehört hierzu auch, die unter den Kosten zuvor genannte Grundausstattung zu besorgen und dafür zu sorgen, dass Sie sich im besten Fall zwei oder mehr Wochen Urlaub nehmen oder eine Betreuung organisieren – denn Sie können den Welpen zu Beginn nicht einfach alleine in der Wohnung oder im Haus lassen.

Wenn also alle materiellen Dinge bereitstehen und sichergestellt ist, dass Sie ausreichend Zeit haben, sich mit Ihrem Welpen zu befassen, ist auch der Zeitpunkt des Einzugs bald gekommen.

Zwei Dinge sollten jetzt noch vorbereitet werden: Ihre Wohnung bzw. Ihr Haus und Ihre persönlichen Zielsetzungen!

Vorbereitungen im Haus

Welpen knabbern gerne an allem herum, was sie finden. Daran ist auch überhaupt nichts falsch, denn es ist ihre ganz normale Art, die Umwelt zu erkunden! Spätestens bei teuren Schuhen, geliebten Möbelstücken oder gefährlichen Kabeln hört der Spaß aber in der Regel dann auf. Außerdem sollten Sie sich der Tatsache bewusst sein, dass es für einen Welpen anfangs besser ist, eher etwas weniger Raum zur Verfügung zu haben. Zum einen vereinfacht es das Erlernen der Stubenreinheit, zum anderen haben Sie vielleicht auch Dinge, die sich nicht einfach wegräumen lassen und die Ihr Welpe gerne anknabbern würde. Absperrgitter können an dieser Stelle manchmal sinnvoll sein. Für alles Weitere gibt es in der Regel Türen.

- Räumen Sie teure und geliebte Gegenstände an einen Platz, an dem sie der Welpe nicht so leicht erreichen kann.
- Räumen Sie außerdem weg, was in Kombination mit Ihrem kleinen Plüschball zu Chaos führen oder kaputtgehen könnte (Kartons, Altglas etc.).

- Sorgen Sie dafür, dass überall da, wo Ihr Welpe einmal unbeaufsichtigt sein könnte, keine Kabel, Messer oder andere gefährlichen Gegenstände offen herumliegen.
- Räumen Sie, wenn möglich, Teppiche weg. (Es sei denn, sie sind waschbar.)
- Überlegen Sie schon jetzt, wo der Ruheplatz Ihres Welpen sein soll (bestenfalls nicht im Hausflur, sondern an einer Stelle ohne Durchgangsverkehr).
- Sichern Sie Ihren Mülleimer ...
- Legen Sie für sich Tabuzonen fest – in welche Bereiche darf der Welpe von Anfang an nicht gehen? (Kinderzimmer, Bad, Küche ...?)

Manche Welpen werden von Beginn an nur wenig kaputt machen. Andere sind wahre Häckselmaschinen. Es kommt auch hier wieder darauf an – aber etwas Vorsicht in den ersten Tagen schadet nicht.

Ziele setzen

Legen Sie schon vor Einzug des Welpen für sich fest, was Sie von diesem eigentlich erwarten. Welche Kommandos soll er später können? Welche Funktion soll er erfüllen? Wachhund, Sportbegleiter, Spielkumpane für die Kinder? Soll er in der Innenstadt seelenruhig vor Geschäften warten können? Ist es Ihnen wichtig, dass er perfekt bei Fuß geht? Oder soll er vor allem einen sehr guten Rückruf abspulen können, wohingegen Ihnen Sitz, Platz und Fuß eigentlich eher gleichgültig sind?

Ist Ihnen besonders wichtig, dass er freundlich mit Menschen ist und sicher im Umgang mit anderen Hunden?

Machen Sie sich Notizen und legen Sie diese zur Seite. Holen Sie im Verlauf der Zeit immer wieder Ihre Liste hervor und gleichen Sie ab, ob Sie auf dem richtigen Weg sind. Das erleichtert die gesamte Erziehung und gibt uns die Möglichkeit, immer wieder auf den „rechten Weg“ zurückzukommen – oder unsere Ziele zu verändern.

Hurra, er ist endlich da!

Wenn Ihr Welpe dann endlich eingezogen ist, gibt es in der Regel gleich noch ein paar weitere Fragen, deren Beantwortung wir uns hier einmal widmen werden, damit Sie mit allem notwendigen Wissen ausgestattet sind und direkt in die Praxis starten können!

Die ersten Tage mit dem Welpen

In den ersten ein bis zwei Tagen brauchen Sie mit Ihrem Welpen noch keinerlei Unternehmungen außerhalb Ihres Hauses, des Gartens und des nächsten Grünstreifens zu unternehmen. Er muss eine neue Umgebung erst einmal erkunden und erschließt sich seine Welt nach und nach. Wer jetzt bereits Ausflüge macht, wird seinem Welpen dadurch keinen nachhaltigen Schaden zufügen, jedoch ist es nicht notwendig, nun bereits „Entertainment" zu bieten.

Lassen Sie ihn also ruhig erst einmal ankommen – und wundern Sie sich nicht: Die meisten Welpen wirken zu Beginn noch recht scheu und schüchtern. Meistens dauert es nicht mehr als 24 Stunden und Ihr zuckersüßes Wollknäuel entwickelt sich plötzlich und unerwartet zu einem kleinen Krokodil.

Typische Fragen und Probleme in den allerersten Tagen

1. Wo sollte ein Welpe schlafen?

Es wird noch immer gerne die Meinung vertreten, Hunde solle man von vornherein nicht mit ins Schlafzimmer – und schon gar nicht ins Bett – nehmen! Woher die allgemeine Angst kommt, Hunde würden wohl von Beginn an eigentlich nur die Weltherrschaft an sich reißen wollen, kann ich nicht recht sagen.

Die Weltherrschaftsproblematik hat aber nicht in erster Linie etwas damit zu tun, wo Ihr Welpe schlafen darf. Richtig ist aber: Lassen Sie ihn einmal rein, bekommen Sie ihn auch schwieriger wieder raus. Alles, was Sie vom ersten Tag an verbieten, wird der Hund auch später besser als Verbot akzeptieren und annehmen können.

Folglich dürfen Sie Ihren Welpen grundsätzlich schlafen lassen, wo Sie möchten. Für den kleinen Hund, der den Kontakt mit seiner Mutter und den Wurfgeschwistern gewohnt ist und nun plötzlich in einem fremden Haus sitzt, ist es sicherlich am schönsten, nah bei Ihnen sein zu dürfen.

Außerdem sollten Sie dem Welpen nachts nicht zu viel Freiraum geben, denn wenn er sich lösen muss, wird er einfach aufstehen, umhergehen und sich eine passende Stelle suchen. Da Hunde es aber grundsätzlich eher vermeiden, in ihr eigenes Nest zu machen, wird sich Ihr Welpe tendenziell eher „melden", wenn Sie ihn nachts räumlich begrenzen.

Die optimale Lösung sieht daher so aus:

1. Gehen Sie spät abends die letzte kleine Runde in den Garten oder auf den Grünstreifen. Am besten an eine Stelle, an der Ihr Welpe zuvor bereits einmal gemacht hat – er erkennt die Stelle dann am Geruch wieder und verbindet sie bald mit: „Hier ist die Toilette. Wenn wir hierhin gehen, mache ich mein Geschäft."
2. Gehen Sie mit dem Welpen zurück ins Haus und begeben Sie sich ebenfalls zur Ruhe. So signalisieren Sie, dass jetzt Schlafenszeit ist. Idealerweise legen Sie sich ins Bett und Ihr Welpe darf so nah bei Ihnen sein, dass er Kontakt zu Ihnen aufnehmen kann.
3. Das Welpenbett für die ersten Nächte sollte räumlich begrenzt sein! Wenn der Hund eine Box noch gar nicht kennt oder Sie keine verwenden wollen, können Sie zum Beispiel einen Welpen-

stall neben das Bett stellen oder auch eine große Kiste. Manchmal lässt sich neben dem Bett ein Bereich mit einem Möbelstück abgrenzen. Legen Sie den Bereich am besten mit alten Handtüchern aus, falls doch etwas danebengeht.

4. Stellen Sie sich einen Wecker und gehen Sie 3 – 4 Stunden nach dem Schlafengehen mit Ihrem Welpen raus, damit er sich noch einmal lösen kann. Einige Welpen müssen auch schon nach weniger als 3 Stunden – durch die räumliche Begrenzung melden sie sich meistens schon von selbst.
5. Sollte etwas danebengegangen sein, machen Sie es wortlos weg und reinigen Sie die Stelle gründlich. In den ersten Tagen kommt das vor und gehört dazu.
6. Normalerweise reichen ein, maximal zwei dieser nächtlichen Wanderungen in den Garten oder auf den Grünstreifen. Am nächsten Morgen bringen Sie Ihren Welpen als Allererstes schnellstens wieder vor die Tür.

Sollte der Kleine versuchen, zu Ihnen ins Bett zu krabbeln, und sollten Sie dies partout nicht wollen, dann verbieten Sie es konsequent vom ersten Moment an. Sonst wird er sich in seinen Bemühungen bestätigt fühlen und es immer wieder ausprobieren – schließlich könnte es ja sein, dass Sie noch einmal eine Ausnahme machen.

Wenn der Welpe neben dem Bett jammert, aber definitiv nicht mehr Gassi gehen muss, dann reagieren Sie darauf möglichst wenig – je mehr Stimmung Sie mit in die Situation bringen, desto unruhiger wird auch Ihr Welpe werden. Je mehr Ruhe Sie selbst ausstrahlen und je entspannter Sie bleiben, desto mehr hat auch der Welpe eine Chance, Ihre Entspanntheit anzunehmen. Nach dem aufregenden Tag und dem Umzug in Ihr Haus wird er aber höchstwahrscheinlich schlafen wie ein kleiner Stein …

Übrigens: Dieser kleine schlafende Stein benötigt wirklich viele Ruhe- und Entspannungsphasen! Zwar haben viele Welpen die Ratgeber hierzu ganz offensichtlich nicht gelesen und halten sich nur sehr selten an die gerne vorgeschriebenen 20 Stunden täglichen Schlaf – jedoch stimmt es ganz sicherlich, dass die meisten Welpen mindestens 17 Stunden am Tag ruhen sollten. Je nach Charakter gibt es hier Abweichungen – wie immer!

2. Wann fängt man mit der Erziehung an?

Erziehung beginnt in dem Moment, in dem Sie den Welpen bei sich zu Hause aufnehmen. Von der ersten Sekunde an sollten Sie für sich selbst wissen, was Sie von Ihrem Welpen erwarten und was nicht: Ihr Welpe wird einmal zu einem stattlichen 40 kg Rottweiler? Dann überlegen Sie schon jetzt, ob Sie einem Ziehen an der Leine nachgeben wollen und ob Sie sich anspringen lassen möchten. Es ist vollkommen legitim, vom ersten Tag an Regeln zu setzen und deren Einhaltung einzufordern.

Was nicht legitim ist, ist vom Hund zu erwarten, dass er bereits Kommandos versteht. Hierzu gehört zum Beispiel das „Nein“, das Ihr Hund schlichtweg noch nicht verstehen kann. Was er versteht, ist Ihr (mitunter strenger) Tonfall und Ihre Körpersprache. Wie Sie mit Ihrem Körper konkret arbeiten können, haben wir bereits unter dem Punkt „Kommunikation“ angerissen. Mehr Informationen gibt es an späterer Stelle, zum Beispiel in der Übung „Nein“.

3. Wie sollten die ersten Spaziergänge aussehen?

Sie werden vielleicht schon von einer so genannten 5-Minuten-Regel gehört oder gelesen haben. Diese besagt, dass Welpen pro Lebensmonat nur 5 Minuten am Stück spazieren gehen dürfen.

Falsch ist: diese Regel.

Richtig ist: Überfordern Sie Ihren Welpen nicht, vor allem nicht in den ersten Tagen, in denen er erst einmal ankommen muss. Gehen Sie vor die Tür, lassen Sie ihn schnüffeln und drehen Sie kleine Runden in Hausnähe. Bereits nach zwei bis drei Tagen können Sie dann auch damit beginnen, sich weiter zu entfernen.

Es kommt nicht auf die Dauer an, sondern auf die Qualität der Spaziergänge. Eine Stunde, in der Sie entspannt durch den Park bummeln und Ihren kleinen Welpen gegebenenfalls bereits mit einem Ihnen bekannten anderen Hund Kontakt aufnehmen lassen, macht zwar sehr, sehr müde, muss aber gar nicht zu viel sein. 20 Minuten stracker Spaziergang auf Asphalt dagegen sind viel, vor allem in zügigem Tempo. Bei der 5-Minuten-Regel geht es vor allem darum, eine Überlastung des Welpen und seiner Gelenke zu vermeiden. Dementsprechend ist es absolut richtig, dass Sie einen jungen Hund, der für Gelenkerkrankungen prädestiniert ist und außerdem groß und schwer wird, nicht zu lange am Stück laufen oder zu viele Treppen hinunterspringen lassen sollten. Auf einer Wiese herumzublödeln und zu schnüffeln sei ihm aber gegönnt – gerne länger als lediglich 5 Minuten pro Lebensmonat. Offen gestanden, gibt es Hunde(-Rassen), die mit dieser Regelung unterfordert wären und denen es sicherlich nicht guttut, nur so kurz vor die Tür zu gehen.

Bemessen Sie also die Länge eines Spaziergangs oder des Aufenthalts draußen eher an Ihrem Hund und an der Qualität des Ausflugs als an einer festen Regel.

Ist Ihr Welpe völlig überdreht und kommt gar nicht mehr zur Ruhe? Dann war die letzte Runde draußen vielleicht etwas viel oder zu voll von neuen Eindrücken.

Haben Sie einen kleinen, drahtigen Terrier? Der möchte vielleicht etwas mehr unternehmen, als lediglich 10 Minuten an kurzer Leine zum nächsten Busch und wieder zurückzugehen.

Ist Ihr Welpe ein groß werdender Hund, bei dem ein erhöhtes Risiko für Erkrankungen der Gelenke und des Rückens bestehen könnte? Ein Labrador, eine Dogge vielleicht? Dann achten Sie darauf, dass Sie gleichmäßige Belastungen auf Asphalt vermeiden – zum Beispiel stramme Spaziergänge oder Joggen. Derartige Bewegungsformen sorgen für immer wiederkehrende Erschütterungen in den Gelenken, die bei schwereren Hunderassen sicherlich nicht förderlich sind. Abwechslungsreiche oder auch ruhige

Bewegungsformen dagegen sind völlig in Ordnung: Im Spiel mit anderen Welpen findet viel Bewegung statt, ohne das Skelett unnötig zu belasten. Eine ruhige Runde in der Stadt oder im Park tut dem Welpen gut und macht ebenfalls nichts kaputt.

4. Darf ein Welpe ohne Leine laufen?

Abseits befahrener Straßen und anderer Gefahren sollte Ihr Welpe unbedingt die Möglichkeit bekommen, ohne Leine zu laufen. Eine Ausnahme stellen Welpen dar, die noch große Angst haben und gesichert werden müssen. Manchmal kommt dies vor, wenn Sie einen Welpen aus dem Tierschutz übernehmen, der noch nicht viel kennengelernt hat.

In diesem Fall sollten Sie den Hund entweder nur in umzäunten Gebieten ableinen – oder ihn vorerst mit einer dünnen Schleppleine und einem gut sitzenden Geschirr absichern. Vorsicht: Beim Toben verheddert sich eine solche Leine schnell. Zum Spielen sollten Sie daher besser sichere Bereiche aufsuchen und die Schleppleine entfernen.

5. Wie verwende ich die Leine richtig?

Zunächst einmal, indem Sie eine kaufen, die nicht zu kurz ist! Wer seinen Welpen an einer 1-Meter-Leine hält, der nimmt ihm fast schon jede Chance auf eine gute Leinenführigkeit. Denn an einer so kurzen Leine ist das Ende derselben so unsagbar schnell erreicht, dass Ihr Welpe fast schon ziehen MUSS, zumal er noch keinerlei Idee davon hat, dass er dies ja gar nicht soll.

Daher sollten Sie bestenfalls eine Leine kaufen, die 2 Meter lang ist und sich mithilfe des Karabiners auf eine kürzere Einstellung umklipsen lässt – so können Sie die Leine sowohl lang als auch kurz einstellen.

Vermeiden Sie außerdem schon jetzt, jeglichem Ziehen nachzugeben. Wann immer Ihr Welpe zieht, bleiben Sie stehen, als seien Sie ein Baum. Jede noch so kleine Bewegung in die begehrte

Richtung belohnt Ihren Welpen in seinem Ziehen. Das Sinnvollste ist es, abzuwarten, bis Ihr Welpe von sich aus den Druck aus der Leine nimmt und Sie fragend ansieht ... Dies ist der Moment, in dem Sie ihn loben sollten! Außerdem können Sie jetzt, da er nicht mehr zieht, auch in die von ihm gewünschte Richtung gehen und ihm erlauben, dort zu schnüffeln. So lernt Ihr Welpe vom ersten Moment an, dass es sich nicht lohnt, an der Leine zu ziehen. Weiterhin lernt er, wenn er Sie anschaut, dass sich der Kontakt zu Ihnen lohnt – ein erster Schritt in Richtung Kooperation mit dem Menschen.

Hundekontakt an der Leine sollten Sie grundsätzlich nicht zulassen – zum einen können Hunde, die an der Leine sind, nicht frei kommunizieren, zum anderen sollte Ihr Welpe gar nicht erst die Erwartungshaltung entwickeln, dass er an der Leine andere Hunde begrüßen darf – vor allem nicht, indem er in die Richtung eines anderen Hundes zieht!

Welpen, die von Beginn an nicht an der Leine zu anderen Hunden dürfen, entwickeln viel seltener eine Leinenaggression oder andere anstrengende Verhaltensweisen wie Ziehen und Jammern, wenn sie andere Hunde sehen. Das macht Ihnen die gesamte Erziehung leichter.

Für Ihren Welpen sollte gelten: An der Leine wird nicht gezogen (oder es bringt ihn zumindest nicht zu Erfolg) und es gibt keinerlei Kontakt zu anderen Hunden.

Umgekehrt ist es absolut vertretbar, einen erwachsenen, gut sozialisierten Hund zur Sicherheit beim ersten Kontakt mit dem Welpen nicht abzuleinen, um dem Welpen den Raum zu geben, sich langsam anzunähern.

Das Kontaktverbot an der Leine bedeutet übrigens mitnichten, dass Ihr Welpe wenig Hundekontakt haben soll – im Gegenteil! Aber freier Kontakt ohne Leine ist deutlich besser. Bei manchen Menschen herrscht die Annahme, das Unterbinden von Kontakt an der Leine könne zu Frust und zu Aggressionsverhalten führen.

Das Gegenteil ist der Fall, weil der Welpe von Beginn an lernt, dass ihn andere Hunde an der Leine gar nicht groß interessieren müssen. Parallel dazu muss aber immer dafür gesorgt werden, dass die Sozialisation mit Artgenossen im Freilauf stattfinden kann – auf entsprechenden Freiflächen, im Garten, in der Hundeschule oder – wo es erlaubt ist – in Feld und Wald.

6. Dürfen Welpen am Fahrrad laufen?

Absolut nicht. Welpen müssen ganz viel lernen, aber das Fahrrad darf noch im Schuppen bleiben oder ohne Hund verwendet werden, bis der Kleine alles Notwendige gelernt hat. Radfahren kann bei einigen Hunden bereits ab 8 Monaten begonnen werden. Meist wird aber empfohlen, eine komplette Ausreifung des Skeletts abzuwarten! Letzteres ist vor allem dann von Belang, wenn der Hund viel auf Asphalt läuft oder sehr groß und schwer wird.

7. Ist Ballspielen gut oder schlecht?

Eine pauschale Aussage wäre: Ja, Ballspielen ist schlecht. Es gibt aber viele Hunde da draußen, die mit Bällen spielen dürfen (bzw. diesen hinterherjagen dürfen) und die hiervon keinerlei Schäden davontragen – ebenso wenig wie ihre Umwelt. Ich war daher lange Zeit der Auffassung, so schlimm sei es gar nicht, den Hund Gegenstände hetzen zu lassen.

Mittlerweile hat sich dies geändert.

Die Nachteile des „Spielens“ mit Bällen, Stöckchen etc. zähle ich an dieser Stelle gerne auf:

- Es lastet den Hund in keiner Weise aus, sondern dreht ihn eher weiter auf, bis er vor Erschöpfung nicht mehr kann.
- Hunde, die zu sehr auf Bälle fixiert sind, verkümmern oft in ihrer Kommunikation mit Artgenossen.
- Gegenständen nachzujagen, macht tatsächlich süchtig und ist wie eine Droge. Dies hängt damit zusammen, dass es sich bei diesen „Spielen“ nicht um Spiel im eigentlichen Sinne handelt,

sondern um Jagen. Und Jagen versetzt Ihrem Hund einen „Kick", den er gerne wieder haben möchte.

- Hunde, die Gegenständen hinterherjagen, tun dies tendenziell auch eher bei Radfahrern, Joggern, rennenden bzw. hinfallenden Kindern etc.
- Unfälle mit Kindern, die durch Hunde verletzt oder sogar getötet werden, haben leider oft mit „ballspielenden" Hunden zu tun. Zum Beispiel, weil die Kinder einen Ball hatten (Kinder spielen nun einmal auch gerne mit Bällen und ein Hund, der sehr fixiert auf solche Gegenstände ist, wird das Kind möglicherweise ungehemmt umrennen) oder weil die Hunde – vereinfacht gesagt – etwas verwechselt haben. Nämlich ballspielendes Kind und Beute.

Nicht jeder Hund, der Bälle und Stöcke jagt, wird nun zum Killer! Aber gerade Hunden, die aufgrund ihrer Genetik sowieso schon gerne Dinge jagen (Hütehunde, viele Jagdhunde, Terrier), tun wir einen großen Gefallen, wenn wir sie anders beschäftigen. Nicht zuletzt auch aus dem Grund, dass wir ihnen ein „freieres Denken" ermöglichen. Denn wenn ein Hund wirklich vom Welpenalter an sehr viel darauf getrimmt wird, sich dieser eher sinnlosen Freizeitbeschäftigung zu widmen, verpasst er leider auch sehr viel an sozialen Interaktionen und anderen Lernerfahrungen.

Gute Alternativen sind Suchspiele und soziales Spielen mit Ihnen als Mensch. Indem Sie mit Ihrem Welpen rangeln, raufen und dabei außerdem die Beißhemmung trainieren und üben, das Spiel zu unterbrechen, wenn Sie nicht mehr möchten. Hiervon hat der Hund am Ende deutlich mehr und es stärkt Ihre Bindung und die Beziehung.

Letztlich entscheiden Sie, ob Sie Ihren Hund auf diese Weise beschäftigen wollen. Versuchen Sie, darauf zu achten, ob sich Ihr Hund zu sehr hineinsteigert oder noch ansprechbar ist. Ich würde generell dazu raten, es einfach von vornherein nicht zu tun, wenngleich Hundewiesen und Parks voll von wurfschleuderverwendenden Herrchen und Frauchen sind, deren begeisterte Vierbeiner hunderte von Metern hinter einem runden, fliegenden Objekt herrennen, um selbiges dann in einer Vollbremsung zu überrennen und es im Anschluss zurück zum Besitzer zu bringen – auf ein Neues. Vielleicht darf man sich auch die Frage stellen, ob dies auf Dauer immer so gut für die Gelenke ist.

Übrigens: Hunde, denen sich bewegende Dinge schon von Haus aus egal sind, werden auch nicht „mal eben" zum Balljunkie. Zumindest habe ich noch keinen Bernhardiner gesehen, der vor lauter „Ball" seine Umwelt nicht mehr wahrnimmt. Es kommt eben auch hier wieder auf den Hund an.

8. Muss ich meinen Welpen auslasten?

Nein, das müssen Sie überhaupt nicht. Alles, was wir später zur Sozialisation und Habituation noch besprechen werden, stellt mehr als genug Auslastung für Ihren Welpen dar. Und auch darüber hinaus können Sie davon ausgehen, dass ein ruhiger Stadtspaziergang für viele Hunde eine weitaus bessere Auslastung darstellt und den Kopf mehr beschäftigt als stundenlange Sporteinlagen. Gegen die aber, im normalen Rahmen, natürlich auch gar nichts spricht! Bloß brauchen Welpen noch keine derartige Beschäftigung.)

9. Dürfen Welpen Treppen steigen?

Ein sehr beliebtes Thema! Immer wieder heißt es, Welpen dürften keine Treppen steigen. Richtig ist: Wenn Sie im Obergeschoss wohnen, dann tut es den noch weichen Gelenken des Welpen sicherlich nicht gut, wenn er jeden Tag die Treppe herunterläuft. Daher machen Sie nichts verkehrt, wenn Sie den Welpen beim Heruntergehen noch tragen. Wird der Hund größer und schwerer, kann auch ein Geschirr helfen, an welchem Sie den Hund beim Herunterlaufen etwas halten und unterstützen.

Treppen hinauf gehen ist übrigens weniger problematisch, weil das Ellenbogengelenk und der Rücken nicht so gestaucht werden wie beim Abwärtslaufen.

Gleichzeitig ist es enorm wichtig, dass der Welpe lernt, Treppen hoch- und runterzugehen. Lassen Sie ihn daher ruhig einige Treppen laufen. Das schult seine Motorik und schafft Selbstvertrauen.

Wie bei der Länge der Spaziergänge gilt auch hier: Es kommt ein wenig auf den Hund an. Sehr schwere bzw. schwerfällige Hunde sollten ohnehin nicht unbedingt im fünften Stock ohne Aufzug wohnen. Sehr drahtigen Hunden machen Treppen auch im jungen Alter weniger aus. Beispiele für Hunderassen, bei denen ein bisschen Vorsicht nicht schadet, sind etwa:

- Berner Sennenhund
- Deutscher Schäferhund
- Labrador
- Golden Retriever
- Bernhardiner
- Schwere Molosser, wie z. B. die Bordeauxdogge

Lassen Sie Ihren Welpen ruhig ab und an eine Treppe laufen, damit er es lernt. Vermeiden Sie lediglich Dauerbelastungen durch tägliches Treppensteigen (vor allem abwärts).

10. Darf mein Welpe von selbst aus dem Auto hüpfen?

Nein – aus zweierlei Gründen nicht.

Erstens sollte er in den ersten Wochen und Monaten (oder bis er so schwer ist, dass es für Sie unangenehm wird) nicht unbedingt aus großen Höhen auf den Boden springen.

Zweitens sollte jeder Hund lernen, niemals ohne Aufforderung aus dem Auto zu springen. An viel befahrenen Straßen kann dies lebensrettend sein.

Er sollte also anfangs sowieso warten, bis Sie ihn herausheben, während er später erst Ihre Erlaubnis abwarten muss, bevor er aus dem Auto herauskommt.

11. Was ist eigentlich „Welpenschutz"?

Es wird Ihnen sicherlich früher oder später passieren, dass jemand äußert, Ihrem Welpen könne im Kontakt mit anderen Hunden gar nichts passieren, es gebe ja schließlich den Welpenschutz!

Um es kurz zu machen:

Nein, in dieser Form gibt es den Welpenschutz nicht!

Die Idee ist, dass ältere Hunde Welpen nichts tun. Dass die Jüngeren in gewisser Hinsicht Narrenfreiheit besäßen und von erwachsenen Hunden weder angegriffen noch zurechtgewiesen werden würden, weil sie ja nun einmal den eingebauten Welpenschutz im Gepäck hätten und damit unantastbar seien. Diese Annahme ist falsch. Und mitunter auch gefährlich, denn nicht jeder erwachsene Hund ist nett im Umgang mit Welpen.

So etwas wie der Welpenschutz existiert nur innerhalb der eigenen sozialen bzw. familiären Gruppe. Das bedeutet: Wenn Sie zum Beispiel mehrere Hunde halten und eine Hündin nun einen Wurf Welpen hat, dann genießen diese Welpen innerhalb Ihres Haushalts mit den darin lebenden Hunden, die sich untereinander kennen, mit allerhöchster Wahrscheinlichkeit so etwas wie „Welpenschutz". Innerhalb der eigenen Familie dürfen sich kleine Welpen eine gewisse Zeit lang relativ viel herausnehmen. Das bedeutet aber mitnichten, dass sie nicht zurechtgewiesen würden.

Auch die eigene Mutter und andere, dem Sozialverband direkt angehörende Hunde werden einen frechen Welpen mitunter rügen, wenn dieser über die Stränge schlägt. Von Narrenfreiheit kann also keine Rede sein!

Lassen Sie Ihren Welpen daher nicht ohne vorherige Absprache zu anderen Hunden rennen. Es ist zwar absolut richtig und manches Mal auch heilsam, wenn ein erwachsener Hund einen frechen Jungspund kurz in die Schranken verweist, jedoch sollten junge Welpen nicht wahllos mit fremden Hunden in Kontakt gebracht werden. Zumindest nicht auf Basis der Annahme, es könne nichts passieren.

12. Wie wird der Welpe stubenrein?

Welpen werden tatsächlich fast von alleine stubenrein, wenn wir die richtigen Rahmenbedingungen schaffen. Denn generell mögen es Hunde nicht, ihre nähere Umgebung zu verunreinigen – so gehört es zu ihrer ganz normalen Entwicklung, ihr Geschäft früher oder später draußen zu verrichten.

Hierzu müssen wir lediglich für einige Rahmenbedingungen sorgen, die ich im Folgenden noch weiter erläutern werde:

1. Häufig genug vor die Tür gehen.
2. Innerhalb des Hauses für eine gewisse räumliche Begrenzung sorgen, um zu verhindern, dass heimlich in entfernte Ecken gemacht wird.
3. Wenn etwas daneben geht: gut putzen!
4. Nicht strafen und schimpfen, wenn der Welpe in den ersten Tagen ab und zu noch ins Haus macht. Er tut dies nicht mit böser Absicht.

Wie oft muss ein Welpe vor die Tür gehen?

Zu Beginn, wenn Ihr Welpe einzieht, wird er vermutlich zwischen 8 und 12 Wochen alt sein. Zu dieser Zeit sollten Sie alle zwei bis drei Stunden vor die Tür gehen und Ihrem Welpen die Möglichkeit geben, sich dort zu erleichtern.

Nachts reicht es in der Regel, alle drei bis vier Stunden aufzustehen.

Außerdem muss der Welpe immer raus nach folgenden Aktivitäten:

- Schlafen
- Fressen
- Spielen

Erfahrungsgemäß sollten Sie hier schnell sein: Ein Welpe, der gerade getobt oder gefressen hat, muss oft umgehend Wasser lassen. Nach einem Nickerchen verhält es sich genauso.

Nicht wenige Menschen stehen übrigens vor dem Problem, dass ihr Welpe unterwegs nicht macht, im Haus dann aber schon ...

Der Grund hierfür ist so einfach wie einleuchtend: Die Welt draußen ist sehr spannend und aufregend! Da geraten die sonstigen Notwendigkeiten gerne einmal in Vergessenheit. Logischerweise ist Ihr Welpe dafür innerhalb des Hauses besonders entspannt – denn hier fühlt er sich wohl. Die perfekte Umgebung also, sich zu erleichtern. Durchatmen – Pipi machen! Verhindern können Sie dies, indem Sie nach jeder Runde mit dem Welpen an einer möglichst langweiligen Stelle vor dem Haus verweilen, bis Ihr Welpe sein Geschäft gemacht hat. Diese Stelle sollte auch immer dieselbe sein, denn so erkennt der Hund sie am Geruch wieder und weiß gleich Bescheid: „Ah, hier war ja die Toilette."

Da dieser Geruchs-Effekt auch im Haus sehr gut funktioniert, sollten Sie kleine Unfälle in Ihren eigenen vier Wänden unbedingt sehr gut wegputzen. Möglichst so, dass keinerlei Geruchsspuren mehr übrigbleiben, die den Welpen ein vorheriges Malheur noch einmal ins Gedächtnis rufen könnten.

Wie reagiere ich richtig, wenn der Welpe ins Haus macht?

Bringen Sie Ihren Welpen, wenn Sie ihn in flagranti erwischen, wortlos vor die Tür und strafen Sie ihn nicht. Putzen Sie die Stelle, wie bereits mehrfach erwähnt, sehr gründlich!

Diese kleinen Unfälle gehören dazu und sind kein Zeichen schlechten Benehmens. Ein Welpe ist körperlich noch gar nicht dazu in der Lage, diese Funktion ausreichend zu kontrollieren! Hinzu kommt, dass einige Welpen auch in Begrüßungssituationen und bei Aufregung unter sich machen. Wer jetzt noch straft und schimpft, tut dem Hund gleich doppelt unrecht.

Sie können sich selbst helfen, indem Sie Ihren Welpen gut beobachten und ihn nicht alleine in andere Räume gehen lassen. Je mehr Platz Ihr Welpe unbeaufsichtigt nutzen kann, desto mehr Pfützen und Häufchen werden Sie finden – denn für den Welpen ergibt es Sinn, sich zu entfernen, um sein Geschäft zu verrichten. Den Unterschied zwischen „drinnen" und „draußen" muss er erst noch lernen.

Wann sollte ein Welpe spätestens stubenrein sein?

Normalerweise sind junge Hunde mit 5, spätestens 6 Monaten stubenrein. Sollte es auch jetzt noch nicht klappen, wäre ein Besuch beim Tierarzt angeraten, um organische Ursachen auszuschließen.

13. Was tue ich, wenn der Welpe etwas macht, was er nicht soll?

Unter „Beißhemmung“, „Räume beanspruchen“ und „Übung: Nein“ erhalten Sie ganz konkrete Anweisungen darüber, wie Sie sich verhalten können, wenn Ihr Welpe etwas tut, was er nicht soll.

Praktische Übungen

Nun haben wir bereits viel über essenzielles Grundlagenwissen und die häufigsten Fragen von Welpenbesitzern gesprochen. Es ist also an der Zeit, endlich auch in die Praxis zu starten! Bei den praktischen Übungen sollten Sie darauf achten, dass der Welpe sich vorher lösen konnte und schon etwas Bewegung hatte.

Nie wieder lernt Ihr Welpe so schnell und so viel wie in den nächsten Tagen und Wochen. Ein bisschen Fleiß zahlt sich daher ganz besonders aus – bleiben Sie dran!

Generell geht es bei den praktischen Übungen sowohl um Sie als auch um Ihren Welpen:

Sie lernen, die Übungen richtig umzusetzen und körpersprachlich korrekt zu kommunizieren. Ihr Welpe lernt neue Kommandos und außerdem, mit Ihnen zu kooperieren und Sie zu verstehen.

Neue Kommandos versuchen wir hierbei überwiegend positiv verstärkend beizubringen – das ist nur fair dem Welpen gegenüber und macht eine Menge Spaß! Wie Sie richtig belohnen, hängt vor allem auch von Ihrem Welpen ab. Wenn Ihr Welpe Leckerchen nur mittelmäßig spannend findet, springen Sie von hier aus einmal zum Kapitel „Richtig belohnen“ unter „Praxistipps“ und überlegen Sie, was sich für Ihren Welpen als Belohnung besonders eignet. In der Regel werden wir hier aber mit Leckerchen arbeiten.

An einigen Stellen arbeiten wir aber auch begrenzend. Unter „Lerntheorie“ haben wir gelernt, dass bereits das Entziehen von Aufmerksamkeit als Strafe zu verstehen ist! Und diese Technik setzen wir immer dann ein, wenn wir ein Verhalten als unerwünscht empfinden. Außerdem kommen kommunikative Komponenten hinzu, bei denen es um körpersprachliches Herstellen von Nähe und Distanz geht.

Zur Umsetzung

Zu Beginn jeder Übung finden Sie eine kleine Übersicht, die Ihnen sagt, wie oft Sie die Übung durchführen können und wie wichtig sie ist. Außerdem wird die Übung einer Kategorie zugeteilt, damit Sie eine Idee haben, ob es sich hierbei eher um eine für den Alltag relevante Übung, etwas Kommunikatives oder einfache Grundkommandos handelt. Sie müssen natürlich nicht mit allen Übungen zeitgleich beginnen und diese dann jeweils jeden Tag durchführen – das wäre schlichtweg zu viel. Einige Dinge werden Sie automatisch in den Alltag integrieren, so etwa das Leinenhandling, die Hinweise zur Habituation und Sozialisation oder auch das richtige Laufen ohne Leine. Andere Übungen, etwa die zur Frustrationstoleranz oder erste Grundkommandos, werden Sie anfangs täglich machen und dann mit der Zeit weniger häufig, dafür aber vermehrt an anderen Orten und mit gesteigertem Schwierigkeitsgrad. So können Sie nebenbei schon bequem eine neue Übung beginnen.

Die zeitlichen Angaben geben einen Richtwert vor. Nach einer intensiven Lernphase (bei einem Welpen sind 10 Minuten oft schon mehr als ausreichend) braucht der Welpe natürlich eine Pause und Sie sollten ihm Zeit geben, bevor Sie die Übung wiederholen oder eine andere Übung starten. Je besser Ihr Welpe die Übung beherrscht, desto weniger oft brauchen Sie sie durchzuführen. Und je älter Ihr Welpe ist, desto länger dürfen auch einzelne Übungssequenzen sein. **Betrachten Sie die Zeitangaben als Maximum für absolute Beginner**. Wenn Sie merken, dass Ihr Welpe aufnahmefähiger wird und schon länger üben kann, dürfen Sie die Zeiten natürlich individuell anpassen.

Drei goldene Regeln gibt es noch zu beachten: Belohnen Sie im richtigen Moment, lösen Sie die Kommandos ordentlich auf und verwenden Sie Kommandos generell erst dann, wenn der Welpe das Verhalten bereits sicher zeigt! Achten Sie außerdem – das ist die ergänzende vierte Regel – auf rechtzeitige Pausen, um unnötigen Frust auf beiden Seiten zu vermeiden.

1. Timing: Das Belohnen im richtigen Moment

Beim Belohnen ist es besonders wichtig, dass dieses im richtigen Augenblick erfolgt. Der Hund versteht eine Belohnung nur, wenn sie prompt erfolgt. Üben Sie also zum Beispiel „Sitz“ und Ihr Hund setzt sich, dann ist der Moment, in dem der Po des Hundes den Boden berührt, der richtige Augenblick für Ihr Lob und Ihre Belohnung:

Ein freudiges „Fein!“ wirkt an sich bereits lobend und kündigt überdies die Gabe des Leckerchens an, die nun ebenfalls prompt erfolgen sollte. Somit sieht die Abfolge der Ereignisse so aus:

Erwünschtes Verhalten → Lob + Belohnung (Leckerchen o. ä.)

Zwischen dem erwünschten Verhalten und dem darauffolgenden Lob liegt nur ein Wimpernschlag – die zusätzliche Belohnung kann zeitgleich mit dem Lob erfolgen – oder unmittelbar danach. Schnelles Loben und Belohnen in genau dem Moment, in dem Ihr Hund etwas richtig macht, sind somit der erste Schlüssel zum Erfolg. Es gibt Menschen, die erst belohnen, wenn der Hund das erwünschte Verhalten schon wieder beendet hat. In unserem Beispiel mit der Übung „Sitz“ würde dies bedeuten, den Hund erst dann zu belohnen, wenn er wieder aufgestanden ist. Dies wäre grundverkehrt, denn so belohnen Sie nicht das Sitzen, sondern das Aufstehen! Lob und Leckerchen müssen beide im richtigen Moment erfolgen.

Wenn Sie Ihren Hund nun loben, weil er sitzt, er dann aber wieder aufsteht, gibt es kein Leckerchen! Dies bekommt Ihr Welpe erst, wenn er wieder sitzt. Wenn Sie möchten, dass er länger sitzen bleibt, zögern Sie die Belohnung etwas heraus. Aber belohnen Sie dennoch nur, während der Hund sitzt.

Diese Grundregel des richtigen Timings gilt für alle Übungen. Eine Belohnung muss zwingend in dem Augenblick erfolgen, in dem das richtige Verhalten gezeigt wird, damit die Verknüpfung zwischen dem erwünschten Verhalten und der Belohnung hergestellt werden kann.

Achtung beim Loben: Manche Hundebesitzer vergessen, dass „Fein" und „Nein" sich sehr ähnlich anhören, wenn die Worte im selben Tonfall verwendet werden. Es ist nicht nötig, in einen hysterischen Freudentanz zu verfallen, nur weil Ihr Welpe „Sitz" macht. Aber damit Ihr Welpe versteht, dass er etwas richtig gemacht hat, sollte Ihr Lob auch wie eines klingen: freundlich, freudig und zugewandt – im Rahmen Ihres auch sonst normalen Verhaltens. Verstellen müssen Sie sich also nicht. Aber loben Sie unbedingt mit aufrichtiger Freude – Ihr Welpe merkt dies!

Wenn nun also das Timing stimmt und Sie außerdem die richtige Belohnung für Ihren Welpen gefunden haben, dann fehlt noch eines:

2. Kommandos richtig auflösen

Was bedeutet es, ein Kommando aufzulösen?

Ein Kommando, das wir dem Hund gegeben haben, gilt so lange, bis wir es wieder beenden bzw. „auflösen". Dies hat folgenden Hintergrund: Wenn Sie nun zum Beispiel möchten, dass Ihr Hund „Platz" macht und am Wegesrand abwartet, bis eine Gruppe Spaziergänger passieren konnte, wäre es eher unpraktisch, wenn der Hund nach wenigen Sekunden von selbst entscheiden würde, wieder aufzustehen.

Oder wenn Sie Ihren Hund von einem Mauseloch abrufen und möchten, dass er bei Ihnen bleibt, statt wieder dorthin zu gehen. Es wäre etwas müßig, wenn Ihr Hund jetzt zu Ihnen kommen und immer wieder selbst entscheiden würde, davonzurennen So würden Sie immer und immer wieder rufen müssen.

Folglich ist es das Einfachste, Hunden von Beginn an beizubringen, dass sie das Kommando nicht selbst auflösen, sondern stattdessen auf eine Freigabe durch den Menschen warten sollten.

Dies kann dann so aussehen:

Ihr Hund macht „Sitz!“ und wartet ab. Ganz gleich, ob an Ihnen andere Menschen und Hunde vorbeigehen oder etwas anderes Spannendes passiert. Irgendwann sagen Sie „Okay!“ und lösen damit das Kommando auf: Ihr Hund darf nun wieder laufen und selbst entscheiden, was er machen möchte. Auch für den Hund ist diese Klarheit sehr fair und angenehm. Er weiß genau, wann Sie etwas von ihm erwarten – und wann nicht.

Von einem Welpen können wir noch nicht wirklich verlangen, dass er dies so einfach versteht und umsetzen kann. Welpen müssen eben alles erst lernen – auch das! Deswegen machen wir es beim Anlernen von neuen Kommandos so, dass wir unser „Okay!“ direkt in der Übung mit einbauen. Wir sagen also bei jeder Übung „Okay“ BEVOR der Welpe die Übung von sich aus verlässt. So lernt er zwar noch nicht, dass er das Kommando bis zum „Okay“ ausführen soll, aber er bekommt eine Idee davon, dass vor dem Verlassen der Übung immer ein „Okay“ kommt.

Insbesondere zu Beginn können Sie das „Okay“ körpersprachlich unterstützen, um dem Welpen zu signalisieren, dass dieses Wort etwas bedeutet: Bewegung erzeugt Bewegung. Während Sie in der Übung und beim Belohnen eher Ruhe ausstrahlen, beginnen Sie, sich mit Ende der Übung und dem Aussprechen des „Okay“ wieder lockerer zu bewegen und so den Hund ebenfalls zur Bewegung aufzufordern.

Das Auflösen muss für den Hund mit einem Stimmungswechsel verbunden sein: Von konzentriert zu „Jippi, jetzt darf ich wieder etwas anderes machen!“. Auf diese Weise – mit unserem Signalwort „Okay“, der körpersprachlichen Unterstützung und dem damit einhergehenden Stimmungswechsel – versteht der Welpe zu Beginn am besten, dass die Übung aktiv durch Sie beendet wird.

Wenn Sie eine Übung mehrfach hintereinander durchführen, sollten Sie diesen Stimmungswechsel etwas flacher halten, damit der Welpe weiterhin konzentriert bleibt. Zum besseren Verständnis wird dies nun in Beispiel 1 einmal erläutert. Wenn eine Übung komplett beendet wird, dürfen Sie Ihren Welpen auch etwas mehr „aufdrehen", wie in Beispiel 2. Hauptsache, für den Hund ist klar, dass ein Stimmungswechsel erfolgt und dass dieser bedeutet, dass er sich ab jetzt wieder frei bewegen darf.

Beispiel 1:

Sie üben „Sitz", wie an späterer Stelle noch genau erklärt wird.

1. Ihr Welpe setzt sich hin, Sie loben und belohnen ihn.
2. Noch bevor Ihr Welpe von selbst aufsteht, sagen Sie „Okay!" und signalisieren damit, dass er wieder aufstehen darf. Das „Okay" kann hier unterstützt werden durch eine einladende Handbewegung, die den Welpen dazu auffordert, sich wieder zu bewegen.

Beispiel 2:

Sie rufen Ihren Welpen und er kommt zu Ihnen gerannt.

1. Bei Ihnen angekommen, wird er gelobt und belohnt.
2. Noch bevor der Welpe von selbst wieder davonrennt, sagen Sie „Okay" und laden ihn körpersprachlich dazu ein, sich zu bewegen. Zum Beispiel, indem Sie selbst einen kleinen Schritt loslaufen, in die Hände klatschen und eine auffordernde Handbewegung machen, die den Welpen zum Laufen animiert.

In beiden Fällen ist das Ziel, dass Ihr Hund erkennt, dass vor dem Ende der Übung eine Aktion durch Sie erfolgt. Dies ist die „Welpenversion". Später, wenn Sie von Ihrem Hund mehr verlangen können, werden Sie das Abwarten des Auflösekommandos auch einfordern. Indem Sie den Hund zum Beispiel wieder ins Sitz bringen, wenn er von sich aus aufsteht. Oder indem Sie ihn zurück an seinen Platz bringen, wenn er sich aus dem „Bleib" selbstständig entfernt hat.

3. *Kommandos erst dann einführen, wenn der Welpe sie bereits ausführen kann.*

Klingt das für Sie im ersten Moment unlogisch? Der Welpe soll doch schließlich das Kommando lernen. Wieso also muss ich ihm erst zeigen, wie die Übung geht? Warum kann ich nicht sofort damit anfangen, Kommandos zu verwenden?

Aus folgendem Grund: Wenn Sie dem Hund zum Beispiel das „Sitz" beibringen und von Beginn an mehrmals „Sitz" sagen, wird dieses Wort für den Hund keinerlei Bedeutung haben. Das liegt daran, dass er nun sicherlich viele Male das Wort „Sitz" hören wird, aber das Verhalten, sich hinzusetzen, noch überhaupt nicht damit in Verbindung bringen kann. Im Gegenteil: Auf diese Weise würden Sie viele Male „Sitz" sagen, ohne dass der Welpe sich hinsetzt! Denn dies auch zu tun, muss er ja schließlich erst noch lernen.

Wir zeigen dem Hund also erst innerhalb der Übung, welches Verhalten von ihm erwartet wird. Wenn er dieses zuverlässig ausführt und wir uns sicher sein können, dass er es richtig machen wird, dann benutzen wir auch das entsprechende Kommando „Sitz" – und dies wird am besten und effektivsten verstanden und gelernt, wenn Sie es in der einen Sekunde sagen, bevor der Welpe sich setzt.

Klingt das kompliziert?

Im Grunde ist es einfach: Sie üben mehrfach das Verhalten „Sitz" – Ihr Hund weiß jetzt, dass er sich setzen muss.

Wenn Sie sich sicher sind, dass das klappt, sagen Sie einfach in genau dem Moment, in dem der Popo sich zum Boden senkt, „Sitz".

Fertig.

Ebenso sollten wir vermeiden, die Kommandos dann zu verwenden, wenn wir uns sicher sein können, dass der Welpe es noch nicht schaffen wird, sie auszuführen. Zum Beispiel, weil zu viel Ablenkung da ist. Hat Ihr Welpe gerade noch im Wohnzimmer ein perfektes „Sitz" gezeigt, wird er dies draußen im Wald beim Anblick eines anderen Hundes eher nicht schaffen – die Ablenkung ist viel zu groß. Aus diesem Grunde sind viele Wiederholungen an unterschiedlichen Orten notwendig, bis ein Kommando wirklich gut sitzt. Ihre Aufgabe ist es dabei, richtig einzuschätzen, was Ihr Hund bereits leisten kann und was nicht.

Dass er etwas noch nicht leisten kann, erkennen Sie im Welpenalter ganz einfach daran, dass es noch nicht klappt. Dann sollten Sie einen Trainingsschritt zurück gehen und die Übung wieder etwas einfacher gestalten.

4. Frühzeitig Pausen einlegen

Versuchen Sie immer, die Übung mit einem Erfolg für den Welpen zu beenden und eine Pause einzulegen, bevor die Übung zu schwer wird. Wenn Sie merken, dass die Konzentration nachlässt, ist es besser, die Übung noch einmal zu vereinfachen und dem Welpen einen kleinen Erfolg zu gönnen und danach in eine Ruhephase zu wechseln. So vermeiden Sie Überforderung und gönnen Ihrem Hund eine Extraportion Motivation und Selbstbewusstsein fürs nächste Mal!

1. Die Beißhemmung

Kategorie:	Grunderziehung
Wichtigkeit:	★★★
Wie oft üben:	Jeden Tag, bis es gut klappt!

Welpen haben sehr, sehr spitze Zähne. Das hat auch einen Sinn: Diese Zähne tun beim Beißen ausgesprochen weh, was dazu führt, dass Welpen für ein zu heftiges Zubeißen eine besonders sensible Gegenreaktion von Artgenossen erhalten. Wenn ein Welpe einen anderen Hund im Spiel zu heftig beißt, ist dies wirklich schmerzhaft. Die Konsequenz daraus ist, dass der andere Hund das Spiel abbricht und unter Umständen auch einmal ordentlich zurück zwickt, um klarzumachen: „Das war zu viel!“

So lernen Welpen, gehemmt zuzubeißen. Im Resultat können sie ihr Gebiss dann so vorsichtig einsetzen, dass andere Hunde und auch Menschen nicht zu Schaden kommen. Dieser Prozess ist sehr wichtig und beginnt schon, wenn die Welpen noch mit ihren Wurfgeschwistern bei der Mama sind. Ihre Aufgabe ist nun, dem Welpen zu erklären, dass Menschenhaut noch empfindlicher ist als die der anderen Hunde: Ihr Welpe muss die Beißhemmung am Menschen also noch feiner erlernen. Das Übungsobjekt sind dabei meist Füße und Hände der Welpenbesitzer – zu deren Leidwesen.

Die Beißhemmung ist natürlich keine Übung, bei der es um ein bestimmtes Kommando geht. Beim Erlernen der Beißhemmung befinden Sie und Ihr Welpe sich vielmehr in einem lang anhaltenden Übungsprozess. Besonders gut lernen Welpen die Beißhemmung aber, wenn Sie sich gezielt in eine Spielsituation begeben und hier klare Grenzen setzen. Wie das geht, erkläre ich nach dem Anbringen zweier Beispiele.

Es gibt immer wieder Familien, die massive Probleme damit haben, ihren Welpen die Beißhemmung beizubringen. Und auch wenn die Zeit für Sie arbeitet, da Ihr Welpe ja älter wird und auch die schwierigsten Schnappschildkröten irgendwann in der Regel keine blauen Flecken und Kratzer an Armen und Beinen mehr hinterlassen, so geht diese Zeit, wenn der Mensch die Beißhemmung nicht adäquat vermittelt, mit einem großen Leidensdruck bei den Menschen einher.

Ein Beispiel, wie es nicht sein sollte:

Familie Schiller hat einen niedlichen Berner Sennen Welpen bei sich aufgenommen. Alle sind glücklich und freuen sich über den kleinen, flauschigen Spielkumpanen. Allen voran die beiden Töchter, die bereits ganz außer sich sind und möglichst viel mit dem kleinen Hund spielen und kuscheln möchten! In den ersten Tagen lässt Familie Schiller den Welpen viel erkunden. Die Eltern setzen dabei wenige Grenzen und warten einfach erst einmal ab, wie sich der kleine Kerl entwickelt.

Nebenbei beginnen sie mit ersten Tricks wie „Sitz“ und „Platz“, spielen viel mit dem Welpen und schenken ihm überhaupt recht viel Aufmerksamkeit – er ist das absolute Highlight in diesen Tagen! An Tag 2 beginnt der Welpe, im Spiel immer heftiger nach den Kindern zu schnappen und in die Hände zu beißen. Anfangs wirkt dies für alle Beteiligten lustig. Es wird gequietscht und gelacht. Er meint dies ja auch nicht böse, hat aber sichtlich Spaß daran, dass die schreienden Kinder ihre Hände wegziehen und irgendwann auch beginnen, davonzulaufen. Außerdem kommt jetzt richtig Leben in die Bude, da Mama und Papa abwechselnd mit dem Welpen schimpfen und versuchen, ihn von den Mädchen wegzuschubsen. Dem ist die Aufmerksamkeit nur recht! Und irgendwie ist es auch lustig, wenn die Menschen jetzt noch versuchen, ihn mit den Händen abzuwehren. Ein richtig tolles Spiel – und alle machen mit. Spätestens dann, wenn der Welpe ein paar Zentimeter gewachsen ist und so auch noch besser an den Kindern hochspringen kann, traut sich kaum noch ein Familienmitglied, normal an dem Hund vorbeizugehen, weil er bei jeder sich bietenden Gelegenheit – wenn auch „spielerisch“ – Hosenbeine und Füße attackiert. Von Händen ganz zu schweigen.

Schade. Und eine wahre Geschichte, die vielen Ersthundebesitzern genau so passiert!

Aber warum?

1. Weil die Familie vom ersten Tag an keinerlei Grenzen gesetzt hat.
2. Weil sie verpasst haben, den ersten Anflug einer Idee von „Ich beiße jetzt in die Kinderhände!“ bereits entsprechend zu kommentieren und zu verbieten.
3. Weil die Eltern ihren Kindern nicht erklärt haben, dass sie mit ihrer Stimmung auch den Welpen aufdrehen: Wer quietscht und sich viel bewegt bzw. die Hände wegzieht, animiert den Hund dazu, sich ebenso zu bewegen. Denken Sie an das Kapitel über Kommunikation: Wenn Sie oder Ihre Kinder dem Welpen

mehr Raum geben und sich zurückziehen, wird dieser tendenziell eher folgen, als sich ebenfalls zurückzuziehen!

Der vielleicht wichtigste Punkt ist der erste: Die Familie hat den Welpen vom ersten Tag an vollkommen frei und ohne eine einzige Regel zu erziehen versucht. „Sitz“ und „Platz“ sind nette Tricks. Sie erzählen dem Welpen aber nichts darüber, ob und wie er sich verhalten darf oder sollte. Also tut er das, was er am besten kann: Er verhält sich wie ein ganz normaler Welpe, probiert alles aus und tut, was ihm eben Spaß macht.

Dieser Welpe wird seiner Familie zumindest eine Zeit lang wirklich Probleme bereiten, wenn jetzt nicht zügig dafür gesorgt wird, dass ein bisschen Ordnung entsteht. Die Menschen müssen Regeln setzen und deren Einhaltung einfordern. Hierzu gehört auch, dass wir gerade bei Anwesenheit von Kindern dafür sorgen, dass der Welpe von Beginn an lernt, mit diesen besonders vorsichtig umzugehen. Außerdem sollten die Kinder beigebracht bekommen, wie sie das Verhalten des kleinen Welpen nicht noch zusätzlich bestärken – denn dieser Hund hat die ganze Unruhe rund um seine Beißerei als Belohnung empfunden: etwas Positives, das riesengroßen Spaß macht. Welpen müssen die Welt erkunden und da, wo es geht, viele Freiheiten genießen. Aber sie sollten vom ersten Tag an lernen, klare Grenzen zu akzeptieren.

Beispiel 2: Wie es besser laufen kann!

In der Nachbarschaft zieht bei ähnlicher Familienkonstellation ein junger Schäferhund ein. Die Eltern haben klare Vorstellungen vom Zusammenleben und möchten, dass alles etwas geordnet abläuft: Der Hund darf nicht in die Kinderzimmer und soll jeden Tag gezielt Ruhepausen bekommen, in denen sich auch die beiden Jungs der Familie zurücknehmen und den Welpen nicht behelligen. Da Schäferhunde als sehr aktiv gelten und sich leicht „aufdrehen“ lassen, soll diesen Pausen besonders viel Bedeutung zukommen.

Der kleine Welpe zieht also ein und wird in den ersten Tagen herzlich dazu eingeladen, seine Umgebung zu erkunden. Mit Ausnahme der Kinderzimmer, die für ihn tabu sind. Außerdem achtet die Familie schon jetzt darauf, den Welpen auf Abstand zu bringen, wenn die Nähe gerade nicht erwünscht ist. Zum Beispiel beim Essen oder wenn etwas Fressbares auf den Boden fällt, das der Hund nicht bekommen soll. Ansonsten bewegt sich auch dieser Welpe sehr frei! Da er nicht in die Kinderzimmer darf und der Familie die Ruhepausen sehr wichtig sind, gibt es aber Momente, in denen seine Spielaufforderungen auf taube Ohren stoßen und sowohl Kinder als auch Erwachsene nicht auf jede seiner Avancen eingehen.

In anderen Situationen wird fröhlich mit dem Welpen gespielt. In einem Moment passiert es, dass der Welpe unvorsichtig und kräftig in die Hand des 8-jährigen Toms beißt. Tom erschrickt, stößt ein kurzes „Aua" aus und schiebt den Hund von sich weg. Damit ist das Spiel beendet. Ein weiterer Versuch des Welpen, doch noch hinter Tom herzulaufen und ihn in die Hose zu zwacken, wird vom Vater unterbrochen. Dieser hält den kleinen Hund bestimmt fest, leint ihn an und räumt ihm eine Pause ein. Erst, als der Welpe wieder zur Ruhe gekommen ist, lässt der Vater ihn laufen.

Große Probleme mit der Beißhemmung wird es hier wahrscheinlich nicht geben.

Aber warum?

1. Die gesamte Familie hat von vornherein ein paar Grenzen gesetzt. Der Welpe durfte sich sehr frei bewegen, aber ein paar Dinge durfte er ganz einfach nicht.
2. Der erste größere Ausrutscher – nämlich der schmerzhafte Biss in Toms Hand – wurde von Tom bereits so kommentiert, dass der Welpe dies als unangenehm empfand. Toms Ablehnung nach dem Biss zeigt dem Welpen: Das war zu doll! Auch das Wegschieben, das der Junge instinktiv gemacht hat, ist hier richtig angekommen und das Spiel wurde unterbrochen. Als der Welpe doch noch einmal überlegt hat, das Spiel weiterzutreiben, hat der Papa richtig gehandelt und besonnen eingegriffen.

3. Die Eltern haben mit ihren Kindern vorab geklärt, dass Welpen zuschnappen und dass sich dies niemand gefallen lassen muss. Die Kinder wissen, dass sie das Recht haben, das Spiel abzubrechen. Außerdem haben sie bereits gelernt, nicht wild herumzufuchteln oder wegzurennen, sondern ihrer Empörung Ausdruck zu verleihen und dann die Situation zu verlassen.

Was bedeutet dies für die Praxis?

Dies sind lediglich zwei Beispielsituationen. Bitte verstehen Sie dies nicht als Plädoyer dafür, Kindern die Erziehung des Hundes zu überlassen. Aber auch Kinder dürfen dem Welpen schon zeigen, wenn sie etwas nicht mögen. Zudem sind sie es meist, die wirklich darunter leiden, wenn der Welpe anstelle der Beißhemmung lernt: Kinder anspringen und ärgern macht Spaß! Und das kann, wie in Beispiel 1, leider auch passieren! Der Hund wird deswegen nicht gleich „böse“, aber er lernt auch nicht, dass dies eine Grenzüberschreitung darstellt.

Im Kern geht es daher um etwas ganz anderes: Es geht darum, dass der Erfolg unserer Bemühungen, dem Welpen die Beißhemmung beizubringen, ganz eng mit dem restlichen Zusammenleben in Verbindung steht. Je mehr Sie in der Lage sind, eine gewisse Präsenz zu zeigen und schon Ihrem Welpen zu signalisieren, dass es im Zusammenleben Spielregeln gibt, desto besser klappt es auch mit der Beißhemmung.

Was Sie ganz konkret tun können, um dem Welpen die Beißhemmung beizubringen, klären wir nun im Folgenden. Sie haben drei verschiedene Optionen:

1. Spielunterbrechung

Eine kurze Unterbrechung des Spiels und der Entzug Ihrer Aufmerksamkeit sind eine negative Bestrafung (siehe „Operante Konditionierung“ im Kapitel „Lerntheorie“): Etwas, das dem Welpen Spaß macht, wird ihm weggenommen – nämlich das Spiel und Ihre Aufmerksamkeit.

Welpen untereinander verfahren mitunter ähnlich: Der eine Welpe beißt zu feste zu, der andere schreit kurz laut auf und es gibt eine kurze Unterbrechung des Spiels. Danach geht das Spiel in der Regel direkt weiter, damit beide Kontrahenten weiter „lernen" können, wie es richtig geht.

Dies können Sie genauso ausprobieren: Machen Sie einen erschrockenen Schmerzlaut („Aua!") und unterbrechen Sie von Ihrer Seite für 3 – 4 Sekunden das Spiel. Wenn der Welpe Sie jetzt verdattert ansieht und kurz stoppt, können Sie das Spiel fortführen.

Leider gibt es nicht wenige Welpen, die Ihren Schmerzlaut eher als Anfeuern verstehen und sich nun erst recht angespornt fühlen werden. Für diese Fälle gibt es aber noch weitere Optionen:

2. Spielunterbrechung 2.0

Beziehen Sie die kommunikative Komponente mit ein: Erinnern Sie sich daran, dass wir darüber gesprochen haben, dass Hunde Körpersprache gut verstehen? Wenn Sie nun Ihren Schmerzlaut machen, dürfen Sie gleichzeitig den Welpen mit der Hand bestimmt auf Abstand bringen.

Beugen Sie sich in Richtung des Welpen, halten Sie Ihre Hand vor sich, bleiben Sie im Körper angespannt. Versucht Ihr Welpe, Sie noch einmal zu beißen, bewegen Sie sich auf ihn zu, statt von ihm weg. Ihre Hand darf den Welpen auch berühren, aber Sie sollten weder schlagen noch schubsen. Es geht lediglich darum, dass Sie sich gezielt Abstand verschaffen und diesen auch körpersprachlich einfordern.

Weicht er zurück und wartet ab? Dann halten Sie diese Spannung einen kleinen Moment aufrecht. Gehen Sie anschließend wieder in eine entspannte Körperhaltung über und animieren Sie ihn zum Weiterspielen.

Diese Art der Spielunterbrechung liegt nicht jedem Menschen. Für alle, denen dies schwerfällt, gibt es einen Plan B:

3. Spielunterbrechung mit Plan B

Ihre Bemühungen, das Spiel zu unterbrechen, werden ignoriert? Der Welpe hängt immer wieder hochmotiviert und knurrend im Hosenbein? Dann wird es Zeit, die Unterbrechung durch einen kleinen Trick herbeizuführen und sich und dem Hund eine Pause zu verschaffen. Auch hierbei wird dem Hund die Aufmerksamkeit entzogen und das Spiel unterbrochen. Allerdings wird hier nicht sofort weitergespielt, sondern eine „richtige" Pause angestrebt.

Dabei befestigen Sie am Halsband oder Geschirr des Welpen eine kurze „Hausleine". Dies ist ein kurzes Stück Leine, das keine Schlaufe hat. Es kann zwischen 50 cm und 1 m lang sein – je nach Größe des Hundes.

Wenn Ihr Welpe sich nun nicht unterbrechen lässt und aus dem kleinen Plüschknäuel ein sich nicht bremsen lassender Piranha wird, dann stellen Sie sich einfach auf diese Leine. Am besten mit Schuhen, falls der Welpe in die Füße zu beißen versucht. Treten Sie dabei so auf das Leinenstück, dass die Bewegungsfreiheit des Welpen etwas eingeschränkt wird und es schlichtweg keinen Spaß mehr macht, Sie zu attackieren. Nun brauchen Sie einen langen

Atem, denn es könnte einen Augenblick dauern, bis der Kleine seine Attacken vorerst unterbricht. Kehrt Ruhe ein, darf der Welpe wieder laufen.

Ist auch diese Option für Sie nicht umsetzbar, weil der Welpe immer sofort wieder Ihre Beine angreift und sich nicht wirklich bremsen lässt, dann bleibt noch eine letzte Option. Diese ist sicherlich nicht die Schönste, aber dennoch vertretbar angesichts dessen, dass Ihre Alternative vielleicht „zerbissene Hosenbeine" oder „Wutanfall" heißen könnte:

4. Wenn gar nichts hilft

Wenn nichts mehr geht, dann haben Sie als Notfall-Anker immer noch die Möglichkeit einer räumlichen Trennung. Setzen Sie Ihren Welpen entweder in ein Welpengitter oder schließen Sie für einen Augenblick eine Tür zwischen sich und dem Hund, damit Ruhe einkehrt. Es ist in solchen Momenten auch legitim, den Welpen vorübergehend mit der Leine in einer Ecke anzubinden. Hierbei geht es nicht darum, ihn wie einen Kettenhund zu halten oder abzuschieben, sondern darum, zu verhindern, dass sich die Situation weiter zuspitzt. Wenn Sie diese Variante wählen, weil sonst nichts hilft, dann stellen Sie bitte sicher, dass Sie den Welpen wirklich erst dann wieder ableinen, wenn er zur Ruhe gekommen ist und durchgeschnauft hat. Es gibt manchmal Welpen, die sehr hartnäckig sind und ihren Besitzern wirklich blaue Flecken und blutige Arme bescheren. Das ist selten und meistens darauf zurückzuführen, dass zu spät reagiert wurde – so wie im obigen Beispiel 1. Aber es kommt vor. Und hier geht Ihre eigene Gesundheit ganz sicher vor und es ist absolut in Ordnung, eine Zwangspause einzubauen! Außerdem kann es helfen, hier einen kompetenten Hundetrainer auf die Situation schauen zu lassen. Meistens lassen sich noch einige Stellschrauben nachziehen – und dann wird es ganz schnell besser!

Was Sie nicht tun sollten:

Beobachten Sie, welche Maßnahme für Sie und Ihren Welpen am besten funktioniert. Wenn das Verhalten persistiert oder sogar schlimmer wird, ändern Sie Ihre Taktik und versuchen Sie nebenbei, herauszufinden, woran es liegt. Die beiden obigen Beispiele sollten Ihnen eine erste Idee geben, wie Sie auf Lösungen kommen könnten.

Was Sie generell vermeiden sollten, ist:

1. Das Beißen zusätzlich zu fördern, indem Sie einen ohnehin schon zu heftig zubeißenden Welpen noch weiter dazu animieren, in Ihre Hände zu schnappen. Ohne jemanden stigmatisieren zu wollen, kann ich doch aus Erfahrung sagen, dass nicht selten Männer diejenigen sind, die den ohnehin schon aufgedrehten jungen Hund weiter auf die Palme bringen, weil ihnen die Rauferei so Spaß macht – und den restlichen Familienmitgliedern damit nicht immer einen Gefallen tun. Das Sozialspiel ist wichtig, um die Beißhemmung zu erlernen. Nutzen Sie es aber eher für gezieltes Ausbremsen des übermütigen Welpen als für immer wilder werdende Spiele, bei denen es kein Ende gibt. Bauen Sie Pausen ein – vor allem dann, wenn es zu heftig wird.
2. Den Welpen immer wieder wild wegzuschubsen, wenn es nichts bringt. Manchmal kann es heilsam sein, den Welpen gezielt mit einer abwehrenden Handbewegung auf Distanz zu bringen und hierdurch zu signalisieren: Aua, das will ich nicht. Sieht Ihre abwehrende Bewegung aber mehr nach wildem Schubsen aus und scheint der Welpe sich eher noch weiter angespornt zu fühlen, sollten Sie die Taktik überdenken. Wenn auch Ihr 100ster Versuch, den Welpen auf Distanz zu bringen, nicht fruchtet, liegt es vielleicht an der Technik. Dann macht es mehr Sinn, mit einer Hausleine zu arbeiten.
3. Sich aufregen. Je mehr Stimmung Sie in die Situation bringen, desto mehr wird auch der Hund reagieren. Je ruhiger Sie selbst werden, desto eher besteht die Chance, dass Ihre Ruhe auf den Hund abfärbt. „Ruhig“ und „ernst“ sind hierbei kein Widerspruch, denn ernst dürfen Sie dabei auf jeden Fall sein.

Habituation in der Praxis

Kategorie:	Fit für den Alltag
Wichtigkeit:	★★★
Wie oft üben:	Ein kleines Abenteuer pro Tag

Was Habituation ist, haben wir bereits geklärt: die Gewöhnung des Welpen an seine Umwelt. Zur Erinnerung: Es gibt einen gegenteiligen Effekt namens Sensitivierung. Unser Ziel ist es, dass der Hund an möglichst viele unterschiedliche Umweltreize gewöhnt wird: laute Knallgeräusche, Musik, Gewitter, flatternde Fahnen, Flugzeuge, den Zug, Gerüche beim Tierarzt, unterschiedliche Untergründe, Fahrradfahrer, schreiende Kinder ... All das sollte der Welpe in angepasst dosiertem Maße kennenlernen! Dabei müssen wir aufpassen, dass wir den Hund nicht überfordern oder ihn ängstigen, sonst kann es dazu kommen, dass er sensibler wird, statt sich an die unterschiedlichen Dinge zu gewöhnen und sie gelassen als Teil seiner Umwelt hinzunehmen.

Das Pensum gibt also der Welpe vor! Sollte Ihr Welpe nun zu denjenigen wenigen gehören, die dazu tendieren, mit Angst auf neue Eindrücke zu reagieren, dann lesen Sie bitte im Kapitel „Umgang mit Ängsten" unter „Praxistipps" weiter.

Grundsätzlich ist es aber so: Beim praktischen Üben und gezielten Gewöhnen des Welpen an seine Umwelt versuchen wir, viele Themenbereiche abzudecken, OHNE den Hund täglich mit neuen Einflüssen zu „bombardieren". Letzteres wäre nämlich überfordernd und ist auch gar nicht nötig. Außerdem können wir hier wunderbar mit Leckerchen arbeiten und alles Neue und Unbekannte „schönfüttern". Zum Beispiel dann, wenn Sie das erste Mal zum Tierarzt gehen und der Welpe dort erst einmal nur positive Erfahrungen macht und Leckerchen bekommt.

Förderlich ist es auch, wenn der Welpe die neuen Eindrücke kaum fokussiert wahrnimmt. Stattdessen sollten sie einfach nur Teil einer entspannten Gesamtsituation sein. Etwa dann, wenn es laute Geräusche im Hintergrund gibt oder ein Trecker vorbeifährt, der Welpe dies aber kaum wahrnimmt, weil Sie sich nebenbei mit ihm beschäftigen – so bekommt er den Lärm zwar mit, fokussiert sich aber nicht so sehr darauf, dass er auf die Idee käme, sich vor den Geräuschen zu „gruseln".

Weitere Beispiele:

1. **Ein Stadtspaziergang**, bei dem Sie ganz entspannt und ruhig mit Ihrem Welpen zu einer Eisdiele schlendern, beinhaltet viele, viele neue Eindrücke: Andere Menschen bewegen sich durch die Straßen, Fahrräder rauschen vorbei, Kinder lachen. In der Ferne hört man Autos hupen, einen Bus abfahren, die Straßenbahn bimmeln oder einfach nur andere Hunde bellen. Vielleicht gibt es auch ein Flatterband oder Baumaschinen, Musik, einen Straßenmusiker.

   Wenn Sie sich nun vor jedes neue „Ding" stellen, darauf zeigen und Ihren Welpen dazu animieren, dort näher heranzugehen, zu schnüffeln oder in anderer Weise seinen Fokus auf den Umweltreiz zu richten, geht dies ein kleines bisschen am Ziel vorbei.

   Besser ist, Sie bleiben selbst gelassen, lassen den Welpen einfach staunen und ermuntern ihn – gerne mit Leckerchen – Sie weiter durch das bunte Treiben zu begleiten. Auch eine kleine Pause auf einer Bank inmitten des Trubels ist absolut sinnvoll: Hierbei saugt Ihr Welpe unglaublich viele neue Eindrücke auf, die er später bei einem ausgedehnten Schlaf verarbeiten wird.
2. **Gewitter**: Wie gesagt, gewöhnt sich ein Welpe am besten an laute Knallgeräusche und Gewitter, wenn diese nicht im Fokus stehen! Wenn also ein Gewitter aufzieht, dann öffnen Sie doch einfach nur das Fenster und spielen Sie mit Ihrem Welpen im Wohnzimmer. Oder wenn Sie Lärm und Krach draußen in der Ferne hören, strahlen Sie selbst gute Laune und Unbeschwertheit aus und lassen Sie Ihren Welpen ein paar Leckerchen auf dem Boden suchen. So ist er zwar etwas abgelenkt, nimmt die Geräusche aber weiterhin wahr.

Was sollte ich mit meinem Welpen alles machen?

Hier gebe ich Ihnen eine Reihe von Beispielen an die Hand für kleine Habituations-Abenteuer und Dinge, die jeder Welpe einmal gesehen haben sollte. Besonders wichtig sind kleine Ausflüge, bei denen Sie gezielt diejenigen Umweltreize aufsuchen, die Ihnen im Alltag weniger begegnen. Etwa dann, wenn Sie sehr ländlich wohnen, Ihrem Welpen aber nicht vorenthalten wollen, auch in der Innenstadt gelassen bleiben zu können. Wer in der Stadt wohnt, profitiert demgegenüber besonders von einem Besuch auf dem Land, bei dem der Welpe zum Beispiel Landmaschinen sehen und muhende Kühe auf der Weide bestaunen kann.

Welpen, die schon recht umweltsicher sind, können mit den ersten Ausflügen bereits zwei bis drei Tage nach dem Einzug bei Ihnen loslegen. Welpen, die noch nicht viel kennen, sollten zwar ebenfalls zeitnah starten, dann aber vielleicht nicht als Erstes die Pfingstkirmes besuchen, sondern eher einen ruhigen Teil der Fußgängerzone. Und anstelle des Bahngleises, auf dem quietschende Züge bremsen, tut es auch der Bahnhof von außen, bei dem der Hund natürlich die gleichen Reize wahrnimmt – nur eben beiläufiger. Denn sonst laufen wir Gefahr, eher Ängste zu schüren.

Kurzum: **Qualität der Erfahrungen geht vor Quantität und kleine, gut verdauliche Portionen sind besser als eine „Schocktherapie" mit völliger Überforderung!** Versuchen Sie nicht, jeden Tag zwei oder drei verschiedene Termine für Ihren Welpen zu vereinbaren. Jede neue Erfahrung muss auch verarbeitet werden. Passen Sie also das Level der Aufgaben an das Level Ihres Welpen an!

Typische Orte und Dinge, die Welpen kennenlernen können oder sollten, sind:

- Alltagsgeräusche (Staubsauger, Laubbläser, Töpfeklappern etc.)
- Knall-, Zisch- und Pfeifgeräusche (Manchmal lohnt es sich, solche leise auf einer Geräusch-CD abzuspielen, wenn man gerade entspannt mit dem Welpen spielt)
- Unterschiedliche Untergründe: Fliesen, Gitter, Plastiktüten

- Innenstädte
- Gegebenenfalls Veranstaltungen – Welpen gehören zwar nicht auf rappelvolle, enge Jahrmärkte, aber tagsüber, wenn weniger los ist, kann man diese sehr gut nutzen!
- Bus- oder Bahnfahrten
- Einkaufszentren
- Reiterhöfe oder andere ländliche Gegenden, wenn Sie selbst städtisch wohnen
- Tierarztpraxen

Wenn Ihr Welpe in einer neuen Situation verunsichert wirkt und sich noch nicht so recht traut, bleiben Sie selbst gelassen. Wichtig ist, dass Sie seine Unsicherheit nicht noch verstärken. Das vermeiden Sie, indem Sie selbst entspannt und mit gutem Beispiel vorangehen, ohne dem Welpen zu viel Mitleid und Aufmerksamkeit zukommen zu lassen. Wenn Ihre innere Haltung lautet: „Komm, Kleiner, wir schaffen das zusammen und es passiert nichts Schlimmes", dann strahlen Sie das auch nach außen aus. Und davon profitiert Ihr Hund in dieser Phase mit Abstand am meisten.

Sozialisation in der Praxis

Kategorie:	Fit für den Alltag
Wichtigkeit:	★★★
Wie oft üben:	Eine gute Begegnung am Tag

Bei der Sozialisation geht es darum, dass der Welpe lernt, sich in seiner belebten Umwelt adäquat zu verhalten und somit ein angemessenes Sozialverhalten gegenüber seinen Interaktionspartnern zu zeigen. Meistens betrifft dies Menschen und andere Hunde. Manchmal auch die zusätzlich im Haus befindliche Katze.

Um den Welpen gut zu sozialisieren, müssen wir also vor allem dafür sorgen, dass er gute und lehrreiche Begegnungen mit Menschen und anderen Hunden hat! Im Umkehrschluss bedeutet dies auch, dass der Sozialkontakt für so junge Hunde unglaublich wichtig ist und auf keinen Fall vorenthalten werden darf! Natürlich sollten Sie deswegen Ihren Welpen nun nicht wahllos auf alle anderen Menschen und Tiere zurennen lassen, da hierbei nicht immer nur „pädagogisch wertvolle“ Erfahrungen herauskommen würden. Aber gezielte tägliche Treffen mit ausgewählten Sozialpartnern sind natürlich eine riesige Bereicherung für den jungen Hund. Besonders profitiert er dabei von souveränen Althunden und dem Spiel mit anderen Welpen.

Wie auch bei der Habituation gilt außerdem: „Qualität vor Quantität“ und nicht „Viel hilft viel!“. Manche Hundebesitzer glauben, es sei eine gute Idee, den Sprössling auf eine Hundewiese zu bringen und ihn dort erst einmal eine ganze Weile seinem Schicksal zu überlassen. Dies ist nicht unbedingt zu empfehlen. Hundewiesen mit wechselnden „Spiel“-Teilnehmern sind zumeist eine recht stressige Veranstaltung – zumindest für die Tiere. Anders sieht es aus bei festen Gruppen, die sich täglich treffen und miteinander vertraut sind. Wenn Sie Zugriff auf eine Gruppe wohlerzogener, welpenkompatibler Hunde haben, ist gegen regelmäßige Treffen mit diesen absolut nichts einzuwenden. Täglich wechselnde Gruppen, in denen mitunter pubertierende Jungrüden, neurotische Kontrollfreaks und zu allem Überdruss noch ein paar balljagende Terrier ihr Unwesen treiben, halten für den Welpen mitunter nur wenige wirklich wertvolle Erfahrungen bereit.

Schauen Sie sich stattdessen nach Hunden um, die den Umgang mit Welpen gewohnt und generell souverän sind. Beobachten Sie andere Hundehalter und deren Hunde: Kommt Ihnen jemand entgegen, dessen Hund brav an der Leine geht und ein freundliches Interesse an Ihrem Welpen zu haben scheint? Dann fragen Sie doch, ob die Hunde sich vielleicht an einem sicheren Ort ohne Leine begegnen dürfen, oder gehen Sie gemeinsam spazieren.

Haben Sie eine gut geleitete Welpenspielgruppe in der Nähe, in der auch das Verhalten der Hunde erklärt wird? Dann ist auch dies eine Option, die Sie ins Auge fassen können.

Sie sind bei Facebook? Auch in den hiesigen Gruppen findet man oft andere Hundebesitzer, die in etwa gleichaltrige Welpen haben und mit denen sich ein Treffen lohnt.

Ermöglichen Sie Ihrem Hund täglich Kontakt mit anderen Hunden – aber weder wahllos noch an der Leine! Suchen Sie gezielt nach qualitativ hochwertigen Kontakten und Spielmöglichkeiten.

Immer nur Spiel?

Wer nun meint, jede Interaktion mit anderen Welpen und erwachsenen Hunden müsse friedvoll ablaufen und nach purer Harmonie aussehen, der irrt. Für Welpen ist es extrem wichtig, auch Grenzen zu erfahren und zu lernen, mit Streitsituationen richtig umgehen zu können.

Dazu gehören auch Verhaltensweisen, die nicht nach harmonischem Kaffeekranz aussehen:

- Sich auch einmal zu unterwerfen
- Über die Stränge zu schlagen und dafür zurechtgewiesen zu werden
- Aggression zu zeigen, wenn der andere einmal zu weit gegangen ist

Welpen haben übrigens eine Art Frühwarnsystem eingebaut: Wenn ein anderer Hund Ihren Welpen zurechtweist, kann es sein, dass dieser laut aufquietscht und kurz den Anschein erweckt, jetzt wohl seinem Ende ins Auge zu blicken. Wenn Sie davon ausgehen können, dass der andere Hund „klar im Kopf“ ist und dosiert handelt, dann erschrecken Sie nicht. Welpen schreien auch gerne „zur Sicherheit“ kurz auf, um nicht verletzt zu werden. Ebenso ist es absolut in Ordnung, wenn sich Ihr Welpe demütig auf den Rücken rollt und keinen Mucks von sich gibt, bis der andere ihn wieder weichen lässt. Dies sind grundsätzlich vollkommen normale Verhaltensweisen und wertvolle Erfahrungen.

Dennoch sollten Sie darauf achten, dass Ihr Welpe, wenn er überfordert ist, Angst zu haben scheint, gejagt wird oder sich anderweitig wirklich nicht wohlzufühlen scheint, bei Ihnen Schutz suchen darf. „Die klären das unter sich“ ist bei einander nicht bekannten Hunden keine sehr hilfreiche Devise. Gerät Ihr Welpe augenscheinlich in Not, dürfen Sie helfen. Mit der Zeit werden Sie ein Gefühl dafür entwickeln, wann die Reaktion des anderen Hundes angemessen und dosiert war – und wann Sie eingreifen sollten. Hat Ihr Welpe den anderen Hund immer wieder bedrängt oder belästigt, dann darf er auch einmal eine Zurückweisung erfahren. Das gehört dazu und ist wichtig!

Kommt aber ein fremder Hund angeschossen und sorgt mit seiner Erscheinung dafür, dass Ihr Welpe sich erschreckt und sich panisch bei Ihnen zu verstecken versucht, ist es absolut legitim, sich dazwischen zu stellen, den anderen Hund wegzuscheuchen und den Welpen in Schutz zu nehmen.

Welche Settings eignen sich nicht für die Sozialisation meines Welpen?

- Angeleinte Hunde sollten von Ihrem Welpen nicht wahllos belästigt werden. Versuchen Sie, zu vermeiden, dass Ihr Welpe unangeleint zu fremden Hunden rennt, denn diese sind manchmal aus sehr gutem Grund an der Leine!
- Hunde, die auf Sie sehr steif wirken, den Welpen fixieren und Ihnen irgendwie nicht geheuer sind, sollten als „Übungspartner“ auch eher ausscheiden. Wenn Sie unsicher sind, kontaktieren Sie eine Hundeschule und lassen Sie sich vor Ort zeigen, woran Sie einen freundlich gestimmten Hund erkennen.
- Hundewiesen mit viel Trubel sind in der Regel absolut ungeeignet für eine gelungene Sozialisation. Hier warten nicht selten Überforderung und schlechte Vorbilder, die Ihrem kleinen Hund in dieser Zeit wenig helfen. Er soll schließlich lernen, wie es richtig geht.

Frustrationstoleranz

Kategorie:	Fit für den Alltag
Wichtigkeit:	★★★
Wie oft üben:	Täglich zweimal 10 Minuten

Kommen wir nun zur ersten ganz konkreten Übung.

Frustrationstoleranz beschreibt die Fähigkeit, mit Frust umgehen bzw. Frustrationen aushalten zu können. Dies ist enorm wichtig! Stellen Sie sich nur einmal vor, Sie hätten nicht gelernt, dem Supermarkt-Sortiment zu widerstehen! An einem Tag, an dem Sie nur zwei Euro in der Tasche haben, aber hungrig vor vollen Regalen stehen, würde im Einkaufsladen Ihres Vertrauens womöglich ein ziemliches Chaos entstehen, wenn Sie versuchen, aufgrund Ihres Hungers das Kühlregal leerzuräumen und wahllos Verpackungen zu öffnen. Es ist nicht sehr günstig, wenn man Versuchungen nicht widerstehen kann.

Und darum geht es auch für Ihren Hund. Denn auch er muss täglich tausenden Dingen widerstehen. Vielleicht soll er den Frikadellenrest vom Boden nicht fressen, Nachbars Katze nicht jagen, auf Sie hören, obwohl er ein Reh sieht ... Das alles sind Momente, in denen er gelernt haben sollte, sich zurückzunehmen und sich nicht frustrieren zu lassen.

Was er benötigt, ist also Frustrationstoleranz.

Und die üben wir nun ganz gezielt!

Benötigte Materialien:

- Eine kurze Leine, die Sie an etwas befestigen können
- Leckerchen

Durchführung:

Leinen Sie Ihren Welpen an und befestigen Sie die Leine so an etwas, dass sich Ihr Welpe nicht losreißen kann. Zum Beispiel draußen an einem Baum oder an einem Pfeiler.

Legen Sie etwa 30 Zentimeter entfernt von dem Punkt, an dem die Leine endet, ein Leckerchen auf den Boden. Ihr Welpe kann das Leckerchen also nicht erreichen. Möglicherweise wird er sich daher etwas aufregen, jammern oder bellen. Reagieren Sie nicht, reden Sie nicht auf ihn ein. Irgendwann wird der Punkt kommen, an dem er sich hinsetzt und verdutzt schaut, weil er nicht an das Leckerchen kommt.

Genau in diesem Moment belohnen Sie ihn, indem Sie ihn loben, das Leckerchen schnell aufheben und es ihm geben.

Gleich darauf legen Sie ein neues Leckerchen auf den Boden und warten ab. Mit jeder Wiederholung wird sich Ihr Welpe schneller beruhigen und verstehen, dass er mit Aufdrehen nicht zum Erfolg gelangt.

Achtung:

Wenn Sie Ihrem Welpen das Leckerchen geben, sollte dieser immer noch entspannt sitzen. Er sollte das Leckerchen an der Stelle bekommen, an der er gewartet hat. Wenn Sie nach dem Leckerchen greifen und er sich bereits ganz schnell wieder aufregt, dann legen Sie das Leckerchen wieder auf den Boden und warten Sie, bis Ihr Welpe wieder sitzt. Passen Sie also auf, dass Sie nicht versehentlich zu spät belohnen und dadurch vielleicht das Aufdrehen doch noch verstärken.

Außerdem sollte beim Belohnen kein Druck auf der Leine sein. Belohnen Sie nur, wenn der Welpe sich wortwörtlich zurückgenommen hat! Er sollte nicht in der Leine „hängen“ und weiter daran ziehen, wenn Sie ihn belohnen!

Mögliche Probleme und deren Lösungen:

- Mein Welpe findet das Leckerchen langweilig.
  - Wählen Sie ein anderes Leckerchen, das den Welpen mehr interessiert. Oder lassen Sie zwischen der letzten Fütterung und der Übung mehr zeitlichen Abstand.
- Mein Welpe kann sich überhaupt nicht beruhigen!
  - Wählen Sie ein Leckerchen aus, das etwas weniger Aufregung auslöst – vielleicht macht es auch Sinn, den Welpen vor der Übung etwas zu füttern, damit er nicht ganz so hungrig ist.
  - Oder: Sie warten einfach noch länger ab. Irgendwann wird er es verstehen, ganz sicher!
- Mein Welpe findet alle Leckerchen blöd.
  - Im Grunde können Sie bei dieser Übung mit allem arbeiten, was der Welpe gerne haben möchte. Sie könnten sich auch mit einem anderen Hundebesitzer treffen und den Welpen erst dann zum anderen Hund lassen, wenn er sich beruhigt hat und entspannt ist. Ebenso könnten Sie ein Spielzeug vor ihm platzieren, das er möglicherweise gerne hätte.

    Bei jeder dieser Konstellationen ist lediglich wichtig, dass der Welpe das, was er möchte, dann bekommt, wenn er sich beruhigt und keine Anzeichen von Frustration und Aufregung zeigt.

Hunde, die eine gute Frustrationstoleranz beigebracht bekommen, haben es ihr Leben lang leichter! Sie können besser mit schwierigen Situationen umgehen, haben weniger Probleme mit dem Gehorsam und können immer auf diese wertvollen Lernerfahrungen zurückgreifen. Damit gehört diese Grundübung zu einer der wichtigsten im Leben eines Hundes.

Das gleiche Prinzip sollte dabei nach und nach auf andere Situationen ausgeweitet werden, sodass der Hund lernt, sich nicht nur bei Leckerchen, sondern auch bei anderen Dingen zurückzuhalten

(Ruhe halten vor dem Spielen mit anderen Hunden, Ableinen erst, wenn der Welpe nicht mehr aufgeregt ist, erst abwarten, bevor der Besuch begrüßt werden darf ...).

Blickkontakt

Kategorie:	Kooperation und Kommunikation
Wichtigkeit:	★★☆
Wie oft üben:	Täglich zweimal 10 Minuten

Für Hunde ist es vom Grundsatz her erst einmal kein natürliches Verhalten, anderen freundlich in die Augen zu „starren". Vielleicht erinnern Sie sich an das Kapitel „Kommunikation": Ein gerichteter Blick in die Augen des Gegenübers wirkt, gepaart mit der entsprechenden Körpersprache, an sich erst einmal abstandsvergrößernd. Welpen lernen aber sehr schnell, dass für Menschen ein gerichteter Blick in die Augen des anderen ein durchaus freundliches Signal sein kann. Insofern ist es absolut unproblematisch, dieses körpersprachliche Detail aus dem Zusammenhang zu nehmen und es uns abgewandelt zunutze zu machen. Denn:

Wenn Sie Ihren Welpen von Beginn an beibringen, Blickkontakt zu Ihnen aufzunehmen, hat dies mehrerlei Vorteile:

Zum einen ist dies eine der ersten Formen der Kooperation mit Ihnen. Das bedeutet: Der Welpe lernt, dass er mit Ihnen in Kontakt gehen sollte und dass sich dies für ihn lohnt.

Später können Sie hierauf aufbauen und mit Ihrem Hund viele Kooperationsübungen dieser Art machen. Das Resultat kann dann so aussehen: Bevor Ihr Hund entscheidet, etwas zu fressen, loszulaufen oder in die nächste Pfütze zu springen, wird er erst bei Ihnen per Blick „nachfragen", ob er dies darf.

Ein Beispiel hierzu: Wenn meine zweijährige Tochter Hundefutter mopst und unsere Hunde damit füttern will, schauen diese mich erst an und versichern sich, dass sie die Zusatzportion annehmen dürfen. Bis es soweit ist, dass Hunde dieses Nachfragen auch wirklich anwenden, bedarf es natürlich vieler Wiederholungen in verschiedenen Situationen.

Hier lernen wir also zunächst die welpentaugliche Version:

Benötigte Materialien:

- Leckerchen oder etwas anderes, das der Welpe gerne haben möchte

Durchführung:

Hocken Sie sich auf den Boden oder setzen Sie sich auf einen Stuhl, sodass Sie nah am Welpen sind.

Halten Sie nun das Leckerchen in der **verschlossenen Hand** vor sich, sodass der Welpe Ihre Hand riechen und sehen kann. Achten Sie darauf, dass Sie das Leckerchen nicht genau zwischen Ihre Augen und den Welpen halten, sondern etwas niedriger: Nur so können Sie unterscheiden, ob der Welpe Ihre Hand mit dem begehrten Futter anstarrt – oder wie gewünscht in Ihre Augen blickt!

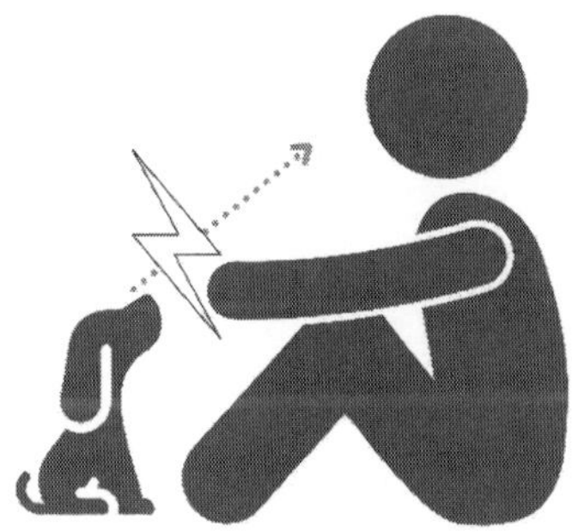

Halten Sie daher das Leckerchen nach unten und achten Sie genau darauf, dass der Welpe auch wirklich zu Ihnen Blickkontakt aufnimmt und nicht zu Ihrer Hand!

Nun warten Sie ab: Wenn der Welpe versucht, an das Leckerchen zu kommen, lassen Sie Ihre Hand verschlossen.

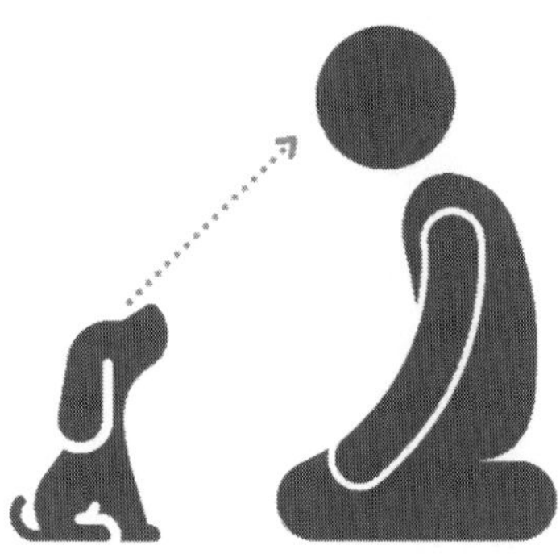

Irgendwann wird der Moment kommen, in dem der Welpe nicht mehr recht weiterweiß und Sie anschaut, um Hilfe zu bekommen. Genau jetzt ist der richtige Augenblick, den Welpen zu loben und ihm das Leckerchen schnell zu geben! Wiederholen Sie die Übung mehrmals hintereinander. Mit jedem Durchgang wird Ihr Welpe schneller den Blickkontakt zu Ihnen aufnehmen! Bis allerdings der erste Versuch funktioniert, kann manchmal etwas Zeit vergehen, weil der Welpe noch nicht weiß, was er tun soll.

Hier hilft es ungemein, wenn er zuvor schon die Übung „Frustrationstoleranz" kennengelernt hat. Auf die hier gesammelte Erfahrung kann er dann zurückgreifen. Wenn er bereits weiß, dass er mit Aufregung nicht an sein Ziel kommt, dann kommt er eher auf die Idee, sich zurückzunehmen und gegebenenfalls auch schon den Augenkontakt zu Ihnen zu suchen.

Mögliche Probleme und deren Lösungen:

- Mein Welpe findet das Leckerchen langweilig.
  - ◻ Wählen Sie ein anderes Leckerchen, das den Welpen mehr interessiert, lassen Sie zwischen der letzten Fütterung und der Übung mehr zeitlichen Abstand oder schauen Sie sich die untenstehenden Beispiele für andere Übungssituationen an.
- Mein Welpe nimmt partout keinen Blickkontakt mit mir auf.
  - ◻ Gehen Sie zurück zur Übung Frustrationstoleranz. Wenn diese gut klappt, verweilen Sie in dieser Übung und warten Sie, ob der Welpe auf die Idee kommt, Sie anzuschauen. Manchmal ist es leichter, eine bestehende Übung um einen Aspekt zu erweitern.
- Mein Welpe beißt wie wild in meine Hand.
  - ◻ Sichern Sie den Welpen mit einer Leine, so wie in der Übung „Frustrationstoleranz". Auf diese Weise können Sie die Hand etwas weiter vom Hund weghalten. Versuchen Sie es erst wieder ohne Leine, wenn die Übung mit Leine funktioniert.

Vergessen Sie nicht, dass Hunde ein neu gelerntes Verhalten erst dann verinnerlichen, wenn sie es viele Male an verschiedenen Orten und in unterschiedlichen Kontexten wiederholt haben. Wenden Sie diese Übung also auch auf andere Situationen an.

Außerdem können Sie die Dauer des Blicks immer weiter verlängern: Am Anfang schaut Ihr Welpe Sie vielleicht nur ganz kurz an. Warten Sie doch auch einmal zwei, drei, vier Sekunden, bevor es die Belohnung gibt. Steigern Sie sich langsam.

Beispiele für andere Situationen:

1. Ihr Welpe zieht an der Leine, weil er an einer ganz bestimmten Blume schnüffeln will. Bleiben Sie stehen und geben Sie dem Leinendruck nicht nach, damit Ihr Welpe nicht durch das Ziehen zum Erfolg kommt. Warten Sie stattdessen ab, bis Ihr Welpe von selbst den Druck aus der Leine nimmt und zu Ihnen schaut. Belohnen Sie diese Kontaktaufnahme mit einem verbalen Lob und gehen Sie gleich daraufhin mit ihm an die begehrte Schnüffelstelle. So hat Ihr Welpe gelernt, über den Kontakt mit Ihnen zu erreichen, was er möchte. Und nicht etwa durch Ziehen an der Leine!
2. Sie treffen einen befreundeten Hundehalter. Die Welpen möchten miteinander spielen. In dieser Situation können Sie warten, bis der Welpe über einen Blick zu Ihnen den Kontakt aufnimmt.
3. Der Welpe möchte gerne in den Garten und steht vor der Terrassentür. Auch hier können Sie wunderbar abwarten, bis der Welpe Sie anschaut, bevor Sie die Tür öffnen.

Ganz besonders effektiv werden all diese Kooperationsübungen dann, wenn Sie darauf achten, dass nicht Ihr Welpe, sondern Sie die Situation auflösen, indem Sie zum Beispiel Ihr „Okay“ geben, bevor der Welpe hinauslaufen oder den anderen Hund begrüßen darf.

Wenn der Blickkontakt in der Übung gut funktioniert, können Sie übrigens auch diesen mit einem Kommando belegen und während des Übens zum Beispiel „Schau!“ sagen, kurz bevor der Welpe Sie anschaut.

Leinengewöhnung und Leinenhandling

Kategorie:	Fit für den Alltag
Wichtigkeit:	★★★
Wie oft üben:	Jedes Mal, wenn die Leine genutzt wird

Eigentlich wirkt es ja ganz einfach: Leine ans Halsband oder Geschirr – und los geht's!

Oder nicht?

Nein, ganz so leicht ist es leider nicht. Es gibt ein paar Fallstricke, die sich leicht vermeiden lassen und die auch unbedingt vermieden werden sollten! Denn falsches Leinenhandling kann dazu führen, dass der Hund die Leine nicht mag, bei deren Anblick Reißaus nimmt oder sich beim Ableinen direkt losreißt und davonläuft. All das ist im Alltag eher unpraktisch.

Erst einmal geht es daher um die Vermeidung typischer Fehler:

1. **Falsches Anleinen:** Der größte Fehler, der Welpenbesitzern unterläuft, ist, dass sie nach dem Halsband greifen, den Hund daran ungeschickt festhalten und irgendwie die Leine „dranfummeln". Das führt dazu, dass der Welpe das Anleinen als unangenehm empfindet und in der Folge vielleicht nicht mehr gerne zu Ihnen kommt, wenn Sie die Leine in der Hand halten. Dies gilt vor allem draußen auf Spaziergängen!
2. **Den Hund dauernd anleinen und damit immer den Spaß beenden**: Ihr Hund hat richtig viel Spaß mit anderen Hunden oder schnüffelt sich fröhlich durchs Unterholz? Machen Sie nicht den Fehler, Ihren Hund immer nur in diesen Momenten anzuleinen. Er wird mitunter daraus lernen, dass die Leine grundsätzlich den Spaß beendet. Natürlich kommt dies vor und manchmal muss man den Welpen aus dem, was er gerade tut, herausholen und an die Leine nehmen. Es sollte aber nicht seine vornehmliche Verknüpfung mit der Leine sein!

3. **Leinenzug nachgeben**: Ihr Welpe zieht. Geben Sie bitte nicht nach, egal wohin er zieht. Sobald Sie auch nur wenige Millimeter nachgeben und Ihren ziehenden Welpen auf diese Weise näher zum Erfolg kommen lassen, wird sich das Ziehen verstärken. Indem Sie dem Zug niemals nachgeben, haben Sie schon die halbe Miete für eine gute Leinenführigkeit in der Tasche!
4. **Ableinen zum Signal für „Wegrennen" machen**: Der Karabiner klickt, die Leine ist ab ... und der Hund ist weg. Das sieht ganz oft so aus und ist für die Besitzer in der Regel kein besonders großer Spaß. Es sollte immer noch einen Zwischenschritt geben, bevor Ihr Hund nach dem Entfernen der Leine loslaufen darf.

Wie Sie es besser machen können, klären wir nun im Detail:

Benötigte Materialien:

- Leine und Halsband oder Geschirr

Durchführung:

1. **Richtig anleinen**: Insbesondere zu Beginn sollten Sie das Anleinen für den Welpen immer angenehm machen!

   Fassen Sie ihm nicht über den Kopf (das mögen die meisten Hunde überhaupt nicht) und versuchen Sie, nicht etwa umständlich an seinem Halsband herumzuziehen. Stattdessen nehmen Sie einige Leckerchen oder einen Teil seiner Futterration, legen diese mit einer Hand vor dem Welpen auf den Boden und greifen gleichzeitig mit der anderen Hand in Ruhe nach dem Halsband oder dem Geschirr. Je entspannter dies abläuft, desto besser! Dann können Sie mit der nun wieder freien Leckerchen-Hand noch schnell den Karabiner einklicken – und Ihr Hund wurde auf sehr angenehme Weise angeleint.
2. **Spiel und Spaß nicht immer mit der Leine unterbrechen**: Wenn Sie den Hund zu sich rufen, leinen Sie ihn nicht immer direkt an. Lassen Sie ihn stattdessen neun von zehnmal wieder laufen. Wenn Sie ihn dann schlussendlich doch anleinen,

dann belohnen Sie ihn mit Leckerchen oder spielen Sie noch kurz mit ihm. So wird das Anleinen zu etwas Positivem, auch auf dem Spaziergang.

3. **Leinenzug nicht nachgeben**: Dass dem Zug auf der Leine, den der Welpe herstellt, nicht nachgegeben werden sollte, haben wir bereits besprochen. Stattdessen sorgen Sie dafür, dass Ihre Leine lang genug ist: Wenn Ihre Spaziergeh-Leine nur einen Meter lang ist, wird Ihr Welpe beinahe zum Ziehen gezwungen. Zum Schnüffeln und entspannten Herumlaufen sollten es auf jeden Fall zwei Meter sein. Ermöglichen Sie dem Welpen außerdem Freilauf oder gehen Sie alternativ mit einer dünnen Schleppleine am Geschirr hinaus, damit Ihr Welpe sich frei bewegen kann.
4. **Kontrolliertes Ableinen**: Das Schnappen des Karabiners merken sich viele Hunde ganz schnell als Signal fürs Losrennen. Vermeiden lässt sich dies, indem Sie während des Spaziergangs immer mal wieder an den Karabiner greifen und ihn einfach nur schnappen lassen, ohne dass Sie die Leine lösen. So wird das Geräusch für den Hund unwichtig, weil meistens gar nichts passiert. Außer, dass es eben einmal klickt.

   Außerdem sollte der Hund nicht von alleine entscheiden, nach dem Ableinen davonzurennen. Am besten halten Sie mit der Hand noch kaum merklich das Halsband fest, um zu verhindern, dass Ihr Hund von alleine losläuft. Nun haben Sie zwei Möglichkeiten: Entweder Sie beschäftigen Ihren Welpen noch kurz bei sich, indem Sie ihn füttern bzw. kurz mit ihm spielen, oder Sie bauen den bereits geübten Blickkontakt ein.

   Beide Varianten sind absolut legitim und bilden einen Zwischenschritt zwischen „Ableinen“ und „Losrennen“.

   Ein kurzes Spiel oder ein paar Leckerchen auf dem Boden, verbunden mit Ihrem Freigabekommando „Okay“, sind aus meiner Sicht die eleganteste Variante, weil Ihr Hund mit dem Ableinen vor allem verbindet, dass er noch kurz bei Ihnen bleibt. So läuft er im Anschluss entspannt los und „schießt“ nicht einfach davon.

Wenn Sie diese Punkte beachten, sind Ihre Leinengewöhnung und Ihr Leinenhandling bereits sehr gut! Außerdem haben Sie schon einmal dafür gesorgt, dass die Leinenführigkeit später gut funktionieren und der Hund tendenziell ruhiger und entspannter in den Freilauf gehen wird.

Spazierengehen ohne Leine

Kategorie:	Fit für den Alltag
Wichtigkeit:	★★★
Wie oft üben:	Auf jedem leinenlosen Spaziergang

Auch beim Spazierengehen ohne Leine gibt es so einiges zu beachten! Wir machen uns dabei vor allem zunutze, dass fast alle Welpen sehr gut ohne Leine folgen. Dass dies irgendwann nicht mehr so ist, hat neben dem Eintritt in die Pubertät vor allem den Grund, dass viele Welpenbesitzer den gravierenden Fehler machen, Ihrem Welpen hinterherzulaufen.

Welpen orientieren sich im Freilauf fast immer automatisch am Menschen. Eine Ausnahme besteht natürlich dann, wenn Sie einen sehr ängstlichen oder schreckhaften Welpen aufgenommen haben. Auch sollte der Freilauf generell nur dort stattfinden, wo keinerlei Gefahren für den Welpen zu erwarten sind: In der Nähe sollten also keine Straße oder andere gefährliche Plätze sein! Manchmal sind Welpen auch schon sehr früh sehr selbstständig und folgen weniger gut. Dies ist wiederum auch rasseabhängig. Beobachten Sie Ihren Welpen gut und sichern Sie ihn notfalls mit einer Schleppleine ab, wenn er generell nicht so zuverlässig folgen sollte.

An gefährlichen Orten oder bei ängstlichen Welpen sollten Sie ebenfalls für zusätzlichen Schutz sorgen, etwa durch das Betreten umzäunter Gebiete oder durch das bereits genannte Verwenden einer Schleppleine.

Für den Freilauf selbst gilt: Richtig gestaltet führt er dazu, dass Ihr Welpe Ihnen immer und überall folgt und auf Sie achtet – zumindest bis zum Eintritt in die Pubertät, im Zuge derer er auch seinen Aktionsradius erweitern wird.

Benötigte Materialien:

Keine

Durchführung:

Es gibt im Welpenalter so etwas wie eine automatisch funktionierende, unsichtbare Leine. Wer diesen Umstand nutzt, sorgt dafür, dass auch der Rückruf im Nachgang viel besser klappt und der Hund später mehr auf den Menschen achtet und sich an ihm orientiert.

Die Übung ist ganz einfach: Wann immer Sie spazieren gehen und Ihr Welpe sich von Ihnen entfernt, drehen Sie wortlos um und wechseln Sie die Richtung. Schon bald wird Ihr Welpe stehen bleiben, sich verdutzt umschauen und schleunigst in Ihre Richtung laufen. Natürlich ist es absolut legitim, den Welpen für sein Kommen auch zu belohnen.

Läuft der Welpe nun wieder weiter nach vorne weg, dann drehen Sie erneut um und gehen in die entgegengesetzte Richtung davon. Wie ein Bumerang wird Ihr Welpe immer wieder umdrehen und zu Ihnen laufen.

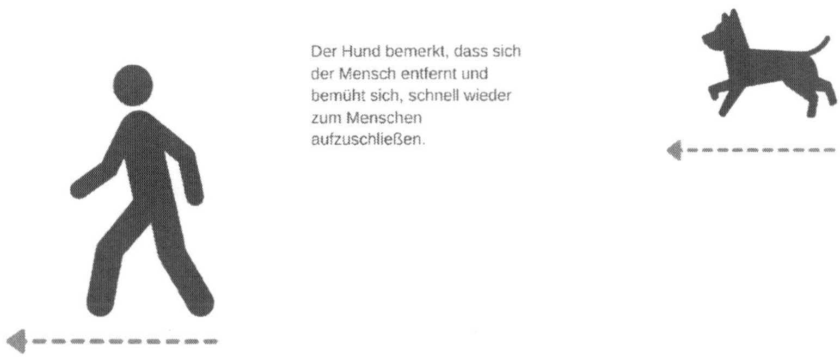

Mögliche Probleme und deren Lösungen:

- Mein Welpe entfernt sich gar nicht.
  - Vielleicht ist Ihr Welpe generell noch etwas unsicher und traut sich gar nicht, weiter weg zu gehen. Dann benötigen Sie diese Übung derzeit auch nicht wirklich. Ihr Welpe muss vielleicht viel mehr dazu ermutigt werden, sich auch mal ein bisschen zu entfernen.
- Mein Welpe läuft weg und guckt gar nicht nach mir.
  - Die Gründe hierfür können sehr unterschiedlich sein. Häufig ist es so, dass der Besitzer anfangs den Fehler gemacht hat, eher dem Welpen zu folgen als umgekehrt. Oder der Welpe kennt seinen Besitzer noch nicht gut genug, um sich an ihn zu binden. (Dies ist aber nur in den ersten Stunden bis Tagen wirklich der Fall.) In einem sicheren Setting (eingezäuntes, großes Gelände) könnten Sie es ausreizen und sich einmal verstecken. Wenn Ihr Welpe auch dann nicht nach Ihnen sucht, muss es einen Grund hierfür geben. Nicht selten kommt dies vor bei jungen Hunden, die zuvor auf der Straße gelebt haben und bereits dem Welpenalter entwachsen (also ab 16 Wochen aufwärts). Diese Hunde brauchen etwas länger, um das Folgen zu lernen, weil sie bisher schon recht selbstständig waren.

    Sichern Sie Ihren Hund im Zweifel mit einer Schleppleine und fahren Sie vorerst mit der Übung „Rückruf" fort, damit der Welpe lernt, dass es sich lohnt, zu Ihnen zu kommen.

- Mein Welpe läuft zu anderen Hunden und dann ist es ihm egal, wenn ich weggehe.
  - ◻ Es ist ganz normal, dass Welpen in sehr aufregenden Momenten nicht mehr an ihren Besitzer denken können. Dann macht es mehr Sinn, den Welpen abzuholen und die Übung in ruhiger Umgebung zu wiederholen.

Boxentraining

Kategorie:	Fit für den Alltag
Wichtigkeit:	★☆☆
Wie oft üben:	**Dreimal täglich 10 Minuten, so lange, bis der Hund gerne hineingeht und entspannt.**

Eine Box erweist sich oftmals in vielerlei Hinsicht als hilfreich. Manche Menschen lehnen eine Box aber auch kategorisch ab.

Mögliche Vorteile sind:

- Sie können eine Box auch auf Reisen nutzen.
- Ein Welpe, der die Box kennt, hat es manchmal beim Tierarzt und auf Reisen leichter, weil hier teilweise Boxen verwendet werden, um Tiere unterzubringen.
- Eine Box kann Sicherheit geben – psychisch wie physisch.
- Eine Box kann beim Erlernen der Stubenreinheit unterstützen.
- Eine Box kann dabei helfen, dem Welpen Ruhepausen zu verschaffen.

Benötigte Materialien:

- Eine Hundebox
- Eine gemütliche Decke oder ein paar Handtücher
- Leckerchen
- Kauartikel (Kong, Rinderhautknochen o. ä.)

Durchführung:

1. Machen Sie es dem Welpen in der Box gemütlich! Legen Sie ein paar Handtücher oder Decken hinein, sodass die Box heimelig wird.
2. Platzieren Sie die Box an einer ruhigen Stelle in der Wohnung. Am besten eignen sich Ecken, die sich weder in der Einflugschneise Ihres Besuchs (Hausflur etc.) noch am hinterletzten und isoliertesten Ende des Hauses befinden. Gute Stellen sind zum Beispiel Ihr Schlafzimmer oder eine Ecke im Wohnzimmer.
3. Lassen Sie die Box erst einmal mit geöffneter Tür stehen und beobachten Sie, wie sich Ihr Welpe verhält. Gruselt er sich? Geht er gleich hinein?
4. Wenn Sie einschätzen können, wie das erste Urteil Ihres Welpen zum Thema „Box“ aussieht, gehen Sie einen Schritt weiter:

Bei mutigen Welpen:

1. Werfen Sie ein paar Leckerchen in die Box. Ihr Welpe sucht danach und erkundet so die Box von innen. Außerdem wird er dafür direkt belohnt, weil er in der Box Leckerchen findet.
2. Wenn das gut klappt, dann belohnen Sie den Welpen weiter in der Box: Bevor er die Box verlässt, werfen Sie immer wieder Leckerchen hinein.
3. Wenn Ihr Welpe schon von alleine in der Box bleibt und erwartet, dass Sie weiter Leckerchen hineinwerfen, dann können Sie vorsichtig die Gittertür anlehnen und den Welpen durch diese weiter füttern. Geschlossen wird die Box dabei noch nicht.
4. Erst dann, wenn auch die angelehnte Tür kein Problem darstellt, geben wir dem Welpen einen mit etwas Leckerem gefüllten Kong oder einen anderen Kauartikel zur längeren Beschäftigung mit in die Box und schließen die Tür. Noch bevor der Welpe ganz aufgefressen hat und nervös wird, können Sie die Box wieder öffnen.

Bei schüchternen Welpen:

Schubsen Sie Ihren Welpen auf keinen Fall in die Box hinein! Dies würde nur dazu führen, dass er beim nächsten Anlauf Reißaus nimmt, wenn er die Box nur von außen sieht.

Beachten Sie außerdem, dass manche Boxen beim Betreten klappern und auch die Türen manchmal komische Geräusche machen. Vermeiden Sie dies, indem Sie zum Beispiel etwas Weiches unter die Box legen und die Tür behutsam bewegen.

1. Stellen Sie etwas sehr Leckeres in die Box, das Ihren Welpen garantiert interessiert.
2. Schließen Sie die Box und lassen Sie die Leckereien darin – den Welpen aber draußen. Der Welpe wird sich wahrscheinlich der Box immer wieder nähern und überlegen, wie er wohl daran kommen kann.
3. Öffnen Sie nach einigen Stunden die Tür (in der Zwischenzeit sollte der Welpe nicht gefressen haben) und ziehen Sie sich zurück – versuchen Sie erst einmal nicht, Ihren Welpen davon zu überzeugen, in die Box zu gehen. Unsere Überredungskünste wirken auf Welpen eher wie eine Warnung: „Warum verhält sich mein Mensch so komisch? Hier muss etwas faul sein!" Wenn sich Ihr Hund dennoch nicht traut, die Box zu betreten, dann stellen Sie das Futter vorerst näher an den Eingangsbereich – auch zwei Pfoten in der Box sind schon ein Fortschritt!
4. Wenn Ihr Welpe sich nun traut, die Box zu betreten, dann verfahren Sie weiter wie bei den mutigen Welpen. Lassen Sie Ihrem Hund aber die Zeit, die er braucht: Hetzen Sie ihn nicht, schieben Sie ihn nicht in die Box und legen Sie Ihren Fokus erst einmal auf das ungezwungene Fressen in der Box, nicht auf das Schließen derselben. So dauert es etwas länger, jedoch findet der Welpe die Box dann auch wirklich gut!

Der beste Zeitpunkt, den Welpen erstmalig für ein paar Minuten in der Box zu lassen, ist nach einem Spaziergang, bei dem sich der Welpe lösen und ein bisschen müde werden konnte. Ein müder

Welpe wird in der Box höchstwahrscheinlich einfach nur schlafen und durch die Wiederholung dessen lernen, dass es sich bei seiner Box um einen Ruheort handelt. Wenn er dies nach einigen Tagen verinnerlicht hat, können Sie die Box auch sehr gut dafür nutzen, den Welpen erstmalig ein paar Minuten alleine zu lassen. Dabei geht es nicht darum, den Welpen einzusperren, sondern ihm die Sicherheit eines gewohnten Ruheplatzes zu geben. Viele Hunde können auf diese Weise besonders gut lernen, alleine zu bleiben. Das Ziel ist hierbei natürlich immer, dass die Box auf längere Sicht geöffnet bleibt und nicht mehr geschlossen werden muss! Zu Beginn macht das Schließen aber Sinn, damit sich der Welpe auch an diesen Zustand gewöhnt und an seinem Ruheplatz bleibt.

Mögliche Probleme und deren Lösungen:

- Mein Welpe jammert in der Box.
  - Das kann früher oder später einmal passieren. Wichtig ist, dass Sie jetzt abwarten, bis er sich beruhigt. Auch wenn dies schwerfällt. Wenn Sie in dem Moment, da der Welpe jammert, die Box öffnen, wird er sie in schlechter Erinnerung behalten und überdies lernen, dass er über das Jammern zum Erfolg kommt. Mit anderen Worten: Beim nächsten Mal wird er erst recht Beschwerde einlegen.

    Warten Sie also wirklich so lange ab, bis er ruhig ist.

    Dies steht mitunter in Konflikt mit dem Sauberkeitstraining! Sollte Ihr Welpe nachts neben Ihnen in der Box schlafen und jammern, weil er wirklich einmal muss, dann nehmen Sie ihn selbstredend so schnell wie möglich heraus und bringen ihn raus an die frische Luft. Dass er sich meldet, wenn er rausmuss, ist ja schließlich erwünscht!

    Jammert er jedoch lediglich, weil er gerade frustriert und mit der Gesamtsituation unzufrieden ist, dann warten Sie bitte unbedingt ab. Lassen Sie den Welpen nie aus einer solchen Situation heraus aus der Box, denn sonst bestärken Sie ihn leider in diesem Verhalten, das sowohl für ihn als auch für

Sie schlichtweg unangenehm ist. Wenn er sich ruhig hinsetzt oder hinlegt und insgesamt entspannt wirkt, öffnen Sie die Tür und lassen Sie ihn heraus.

Außerdem bietet es sich an, bald danach wieder ohne Zwang und bei geöffneter Tür in der Box zu füttern, denn er soll diesen Raum vor allem mit etwas Angenehmem verbinden – nicht mit dem Eingesperrtsein!

Wichtig:

Eine Hundebox ist nicht zur dauerhaften Aufbewahrung eines Hundes gedacht! Dies wäre auch mit dem Tierschutzgesetz nicht vereinbar. Zu Transportzwecken aber ist die Box nicht nur sinnvoll, sondern fast schon essenziell. Es sei denn, Sie verfügen über ein sicheres Absperrgitter oder andere Vorrichtungen im Auto. Andernfalls sollte eine sichere Transportbox installiert werden und eine Gewöhnung an die Box erfolgen.

Tierarzttraining

Kategorie:	Fit für den Alltag
Wichtigkeit:	★★★
Wie oft üben:	3 x wöchentlich 10–15 Minuten

Unter Tierarzttraining verstehen wir, dass der Welpe die Untersuchungssituation kennenlernt. Hierzu gehören alle körperlichen Berührungen, die typischerweise beim Tierarzt stattfinden.

Tipp:

Auf dieselbe Weise können Sie auch das Bürsten beibringen!

Jeder Hund sollte in der Lage sein, beim Tierarzt mindestens folgende Untersuchungen entspannt mitzumachen:

- Anfassen und Untersuchen der Pfoten und Beine
- Untersuchen des Auges
- Untersuchen der Ohren
- Öffnen des Fangs und Begutachten der Zähne
- Anfassen und Untersuchen des Bauches

Am einfachsten bringen Sie Ihrem Hund diese Schritte bei, indem Sie sie selbst immer wieder ganz beiläufig ausführen – und zwar in freundlicher, entspannter Atmosphäre.

Benötigte Materialien:

Keine

Durchführung:

Wenn Sie mit Ihrem Welpen kuscheln und ihn streicheln, können Sie ganz nebenbei seine Pfoten massieren, seine Ohren nach oben klappen und hineinsehen oder auch den Fang öffnen und sich die Zähne anschauen. Dies geschieht beim Streicheln so beiläufig, dass der Welpe es in der Regel nicht als störend empfinden sollte.

Alternativ können Sie natürlich auch mit Leckerchen arbeiten und den Welpen zum Beispiel aus der linken Hand füttern, während Sie mit der rechten Hand das Ohr berühren oder den Bauch kraulen.

Manchen Hunden hilft es, Signalwörter für die einzelnen Körperteile zu lernen: So können Sie immer, wenn Sie das Auge untersuchen, das Wort „Auge" sagen. Soll die Pfote untersucht werden, sagen Sie dabei einfach „Pfote". Üben Sie dies mindestens dreimal in der Woche, bis Sie das Gefühl haben, dass Ihr Welpe sich wirklich entspannt überall berühren lässt. Auch darüber hinaus ist es sinnvoll, die Übung einmal wöchentlich weiterzuführen, um den Trainingseffekt zu erhalten.

Mögliche Probleme und deren Lösungen:

- Mein Welpe zappelt und lässt sich nicht richtig anfassen.
  - □ Wählen Sie für diese Übung eine entspannte Atmosphäre und fangen Sie kleinschrittig an. Sie müssen nicht vom ersten Tag an in der Lage sein, alle Körperteile des Hundes untersuchen zu können! Es geht hier lediglich um eine Gewöhnung an die Berührungen. Damit diese auch als angenehm empfunden wird, sollten Sie selbst Ruhe ausstrahlen. Gegebenenfalls lässt sich außerdem sehr gut mit Leckerchen nachhelfen.

Sitz

Kategorie:	Grundkommandos
Wichtigkeit:	★☆☆
Wie oft üben:	Zweimal täglich 5–10 Minuten

Die meisten Halter bringen ihren Hunden das „Sitz“ schon fast von alleine bei. Heute klären wir einmal kleinschrittig, wie es richtig geht und was dabei noch zu beachten ist. Kommandos wie „Sitz“ und „Platz“ sind eher als kleine Kunststücke zu verstehen; im Alltag helfen Sie vor allem in der Hinsicht, als dass das Lernen solcher Kommandos den Hund gut beschäftigt und man überdies so noch einmal einfacher üben kann, den Hund an einem Ort warten zu lassen!

Benötigte Materialien:

- Leckerchen

Durchführung:

Schritt 1:

- Halten Sie ein Leckerchen zwischen Daumen und Mittelfinger. Halten Sie den Zeigefinger dabei gerade hoch.

- Bewegen Sie Ihre Hand in Richtung der Nase des noch stehenden Welpen, halten Sie das Leckerchen aber fest.
- Bewegen Sie Ihre Hand über die Nase des Welpen hinweg, sodass er den Kopf etwas heben muss, um an das Leckerchen zu kommen.
- Der Welpe setzt sich hin.
- Loben Sie Ihren Welpen und geben Sie ihm das Leckerchen.
- Lösen Sie das Kommando mit „Okay“ auf, bevor der Welpe von selbst aufsteht.

Vorsicht:

Halten Sie das Leckerchen nicht zu hoch, sondern führen Sie es nah an der Nase des Welpen vorbei nach oben – über seinen Kopf hinweg nach hinten. So folgt er der Hand automatisch mit dem Fang und setzt sich beinahe automatisch hin.

Schritt 2, wenn der Welpe das Verhalten zuverlässig zeigt:

- Halten Sie das Leckerchen wieder zwischen Daumen und Mittelfinger fest und halten Sie den Zeigefinger hoch.
- Bewegen Sie Ihre Hand über die Nase Ihres Welpen hinweg.
- Die Kruppe des Welpen senkt sich in Richtung Boden: Jetzt sagen Sie Ihr Kommando „Sitz“.
- Der Welpe setzt sich.
- Loben Sie Ihren Welpen und geben Sie ihm das Leckerchen.
- Lösen Sie Ihr Kommando auf mit „Okay“, bevor es der Welpe von selbst tut.

Schritt 3, wenn die vorherigen Schritte gut funktionieren:

- Halten Sie Ihre Hand wie in Schritt 1, aber ohne ein Leckerchen darin.
- Bewegen Sie Ihre Hand wieder über die Nase des Hundes hinweg.
- Der Welpe setzt sich nicht? Dann wiederholen Sie die Schritte 1 und 2, bis es sicher klappt.
- Der Welpe setzt sich? Dann loben Sie verbal und füttern Sie ein Leckerchen aus der anderen Hand.
- Lösen Sie Ihr Kommando mit „Okay" auf, bevor es der Welpe tut.

Durch das Füttern des Leckerchens aus der anderen Hand in Schritt 3 lernt der Welpe, sich auch ohne das Leckerchen zu setzen und dafür belohnt zu werden. Gleichzeitig üben Sie dabei weiterhin das Sichtzeichen: Der erhobene Zeigefinger wird nun zum optischen Signal für das „Sitz". Optische Signale helfen dem Welpen dabei, sich an das Kommando zu erinnern und es richtig auszuführen.

Mögliche Probleme und deren Lösungen:

- Mein Welpe springt hoch, statt sich zu setzen.
  - ◻ Halten Sie das Leckerchen weiter unten, sodass Ihr Welpe nicht in die Versuchung kommt, hochzuspringen.
- Mein Welpe ist sehr aufgeregt und setzt sich einfach nicht.
  - ◻ Versuchen Sie, selbst eher ruhig zu bleiben und die Hand wenig zu bewegen. So kommt auch der Hund eher zur Ruhe und wird sich früher oder später setzen.

Wenn Ihr Welpe das Sitz gut beherrscht, können Sie auch damit beginnen, die Übung etwas schwieriger zu machen! Zum Beispiel, indem Sie einmal ausprobieren, das Sitz-Kommando aus etwas größerer Distanz zu geben und sich hierbei langsam zu steigern.

Platz

Kategorie:	Grundkommandos
Wichtigkeit:	★☆☆
Wie oft üben:	Dreimal täglich 5–10 Minuten

Wie schon das „Sitz“ ist auch das „Platz“ ein recht einfaches Grundkommando, das die meisten Hunde schnell und unkompliziert lernen. Im Alltag ist es vor allem dann hilfreich, wenn Sie Ihren Hund zum Beispiel an einer Stelle warten lassen wollen – etwa vor einem Geschäft oder um sich kurz mit jemandem zu unterhalten. Bis dahin ist es allerdings noch ein längerer Weg. Für den Moment bringen wir dem Welpen das Kommando erst einmal grundsätzlich bei.

Benötigte Materialien:

- Leckerchen

Durchführung:

Möglichkeit 1, Schritt 1:

- Halten Sie ein Leckerchen zwischen Daumen und Zeigefinger.
- Führen Sie den Hund (mit der bereits bekannten Bewegung über die Schnauze des Welpen hinweg) ins „Sitz“, ohne dabei das Wort „Sitz“ zu benutzen.
- Führen Sie Ihre Hand dann vor der Brust des Welpen zum Boden, sodass er irgendwann automatisch ins „Platz“ rutscht. Ihre Hand sollte dabei nah am Körper des Welpen vorbei heruntergehen. Auf diese Weise legen sich die meisten Welpen automatisch hin.
- Loben und belohnen Sie Ihren Welpen.
- Lösen Sie das Kommando mit „Okay“ auf, bevor es der Welpe tut.

Dass wir das Leckerchen nun zwischen Daumen und Zeigefinger nehmen und die Hand, wie im Bild gezeigt, leicht abflachen, hat einen Grund: Hieraus entsteht das spätere Sichtzeichen für das Kommando „Platz“:

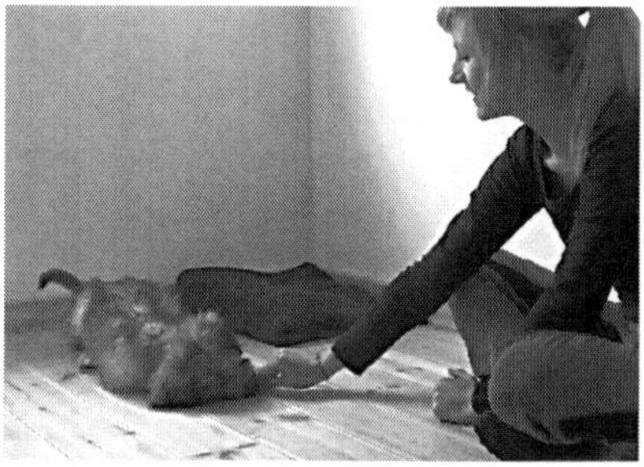

Die flache Hand wird dabei parallel zum Boden gehalten. So wird der Hund zusätzlich durch ein optisches Signal unterstützt, was ihm die Übung erleichtert.

Möglichkeit 2, Schritt 1:

- Hocken Sie sich auf den Boden und bilden Sie mit Ihren Beinen eine Brücke, unter der Ihr Welpe nur im Liegen hindurchpasst.
- Halten Sie ein Leckerchen zwischen Daumen und Zeigefinger.
- Führen Sie die Hand unter Ihrem Bein hindurch, sodass sich der Welpe, um an das Leckerchen zu kommen, hinlegen muss.

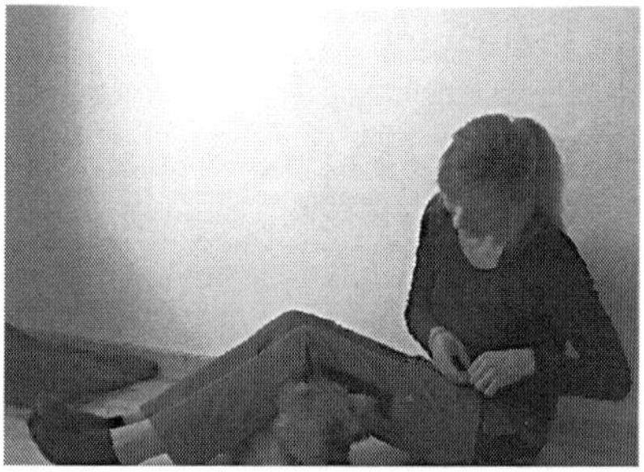

- Der Welpe legt sich hin.
- Loben Sie Ihren Welpen und geben Sie ihm das Leckerchen.
- Lösen Sie das Kommando mit „Okay“ auf.

Schritt 2 für beide Möglichkeiten 1 und 2:

Für beide Varianten gilt: Wenn der Hund das Verhalten sicher zeigt, benutzen wir das Kommando “Platz”, kurz bevor sich der Welpe hinlegt. Genauso, wie wir es bei der Übung „Sitz“ bereits besprochen haben.

Wenn das gut klappt, können wir das Leckerchen in der Hand weglassen und aus der anderen Hand belohnen, genau wie zuvor schon bei der Übung „Sitz“. Sie führen den Hund also, wie zuvor, mit einer Hand ins „Platz“, belohnen aber aus der anderen Hand, wenn der Welpe liegt. So vermeiden Sie, dass der Welpe in Zukunft erst „überprüft“, ob Sie ein Leckerchen für ihn in der Hand haben.

Hat der Welpe die Übung gut verstanden, können Sie außerdem die Zwischenschritte (ins Sitz führen oder eine Brücke mit den Beinen bauen) weglassen. Es sollte, wenn der Hund versteht, was Sie von ihm möchten, nach zwei bis drei Tagen nur mit Verwendung des Handzeichens und dem Kommando „Platz“ funktionieren.

Alleinbleiben

Kategorie:	Fit für den Alltag
Wichtigkeit:	★★★
Wie oft üben:	Mehrmals täglich kurze Sequenzen

Viele Hundebesitzer fragen sich, ab wann sie den Welpen überhaupt das erste Mal alleine lassen können. Bei einigen Menschen kommt hinzu, dass sie vielleicht ab einem bestimmten Zeitpunkt wieder arbeiten gehen und darauf angewiesen sind, dass der Welpe bis dahin gelernt hat, ein paar Stunden ohne seine Bezugspersonen auszukommen.

Ein paar grundsätzliche Infos:

- Das Alleinbleiben üben wir von Beginn an – nebenbei in kleinen Schritten.
- Es gibt Hunde, die besser oder schlechter alleine bleiben können als andere – dementsprechend ist es unterschiedlich, wie lange ein Welpe braucht, um sich daran zu gewöhnen. Grundsätzlich fällt es vielen nordischen Rassen schwerer, alleine zu bleiben. Das Gleiche gilt für Hunde, die eng mit dem Menschen zusammenarbeiten – zum Beispiel Schäferhunde. Sehr eigenständige Hundetypen haben es hiermit etwas leichter.
- Wie gut es klappt, ist auch situationsabhängig: Ein müder Hund bleibt besser und länger alleine als ein aufgeregter.

Benötigte Materialien:

- Gegebenenfalls Kauspielzeug und eine Box (nicht zwingend notwendig)

Durchführung:

Erste Schritte:

Zu Beginn verlassen Sie natürlich noch nicht das Haus, um für eine Stunde einkaufen zu fahren. Ihr Welpe sollte sich erst einmal für ein bis zwei Tage eingewöhnen dürfen. Dann beginnen Sie damit, ganz beiläufig kleine Sequenzen einfließen zu lassen, in denen der Welpe ab und zu alleine bleibt.

Hierzu gehört unter anderem auch, sich in einem anderen Raum aufzuhalten oder kurz den Müll rauszubringen. Das Wichtigste ist, dass Ihr Kommen und Gehen ohne jede Aufregung stattfinden. Vermeiden Sie wilde Begrüßungen und theatralische Verabschiedungen – der Welpe sollte es als vollkommen normal empfinden, dass die Menschen kommen und gehen.

Sehr hilfreich ist es, das Alleinbleiben vor allem dann zu üben, wenn der Welpe bereits draußen war und etwas erlebt hat. Er ist dann – im wahrsten Sinne des Wortes – hundemüde und froh über eine kleine Pause. Wenn Ihr Welpe innerhalb des Hauses recht entspannt bleiben kann, obwohl Sie ab und zu für einige Minuten getrennt sind, können Sie auch langsam für ein paar Minuten länger draußen bleiben. Idealerweise kehren Sie immer zurück, bevor der Welpe auf die Idee kommt, Sie arg zu vermissen und sich aufzuregen.

Kleine Helferlein:

- **Die Box:** Sehr hilfreich ist es, wenn Sie eine Hundebox haben und den Welpen ganz am Anfang daran gewöhnen, dass dies sein Ruheplatz ist. Lassen Sie Ihren Hund bitte nicht über Stunden in der Box!

  Wenn Ihr Welpe es aber gewohnt ist, nach dem Spaziergang sein Schläfchen in der Box zu machen, dann ist dies auch ein guter Moment, um den kleinen Hund erstmalig kurz alleine zu lassen. Ein als sicher empfundener Ort wie eine kuschelig eingerichtete Hundebox gibt vielen Welpen Sicherheit.
- **Kauspielzeug:** Kauspielzeuge wie ein gefüllter Kong oder etwas Vergleichbares können dem Welpen dabei helfen, sich in Ihrer Abwesenheit abzulenken und zu beschäftigen.
- **Musik und Fernseher:** Manchen Welpen hilft es außerdem, wenn im Haus weiterhin Hintergrundgeräusche zu hören sind. Etwa durch das Laufenlassen eines Fernsehers oder eines Radios.

Das richtige Verabschieden und Begrüßen:

Wie bereits erwähnt, sollten Ihre Verabschiedung und Ihre Begrüßung möglichst unaufgeregt stattfinden. Wenn Sie sich von Ihrem Welpen intensiv verabschieden, kann ihn dies in Alarmbereitschaft versetzen: „Warum verhalten sich meine Menschen so komisch?!“

Ignorieren müssen Sie Ihren Hund aber dennoch nicht: Meiner persönlichen Erfahrung nach ist es für viele Hunde sogar ganz angenehm, wenn sie eine knappe und entspannte Verabschiedung kennenlernen. Zu meinen eigenen Hunden sage ich in der

Regel einfach nur: „Ihr bleibt hier“, wenn sie dies nicht ohnehin schon von selbst erraten haben. Sie wissen dann, dass sie nun eine gewisse Zeit „sturmfrei“ haben werden – und verkrümeln sich in eine gemütliche Ecke. Verabschieden ist also nicht generell etwas Schlechtes – achten Sie nur auf die Stimmung, die Sie dem Hund dabei vermitteln.

Ebenso verhält es sich mit der Begrüßung: Kommt Ihr Hund nun nach Ihrer Rückkehr freudestrahlend auf Sie zugestürmt, springt er an Ihren Beinen hoch, rempelt Sie an und zeigt sich insgesamt sehr aufgeregt, so versetzt dies uns Menschen meistens in Freude: Der Hund ist glücklich – wie wunderbar! Ich frage mich manchmal, wie es wohl wäre, wenn unsere eigenen Ehepartner uns jeden Tag so begrüßen würden? Sicherlich ungewohnt, nach einigen Tagen vielleicht auch anstrengend – oder gar nervig?

Nun ist es defacto so, dass diese Aufregung nicht verstanden werden sollte als: „Er liebt mich so sehr, ich muss mich jetzt genauso verhalten und ihm ebenfalls meine Liebe zeigen!“ Rangniedere und junge Tiere begrüßen die Ranghöheren, indem sie um sie herumwuseln und oftmals auch versuchen, an ihren Lefzen zu lecken. Das ist vollkommen normal.

Wenn wir uns aber genauso verhalten, ist das, genau genommen, unnatürlich. Wenn ein erwachsener Hund so begrüßt wird, verhält er sich einfach nur unaufgeregt und freundlich. Wird der Knirps zu aufdringlich oder beginnt, den Älteren anzurempeln und zu nerven, wird er möglicherweise sogar zurechtgewiesen. Von „Zurückfreuen“ in gleicher Weise also keine Spur.

Und ebenso sollten Sie es halten: ein freundliches, aber entspanntes Kommen und Gehen. Je weniger Aufregung hiermit verbunden ist, desto einfacher ist es auch für den Welpen, nach und nach alleine bleiben zu können.

Mögliche Probleme und deren Lösungen:

- Ich stehe draußen vor der Tür und höre von drinnen, dass mein Welpe jammert und bellt, weil ich rausgegangen bin.

- Gehen Sie möglichst nicht zurück zu Ihrem Welpen, solange dieser jammert. Warten Sie einen Augenblick ab, in dem Ruhe herrscht. Gehen Sie erst dann zurück. Problematischerweise kann es sonst vorkommen, dass sich das Verhalten festigt und intensiviert! In der Folge kann der Welpe dann möglicherweise noch schlechter alleine bleiben und Sie müssten Rückschritte im Training in Kauf nehmen. Gleiches gilt für Aufregung in der Box:

- Ich betrete die Wohnung wieder und mein Welpe hat 20 Minuten in der Box gewartet. Nun höre ich, dass er jammert und laut wird, weil er gehört hat, dass ich wieder da bin.
  - Bringen Sie erst einmal Ihre Sachen in Ruhe hinein und schenken Sie Ihrem Welpen keine große Aufmerksamkeit: Trösten Sie ihn nicht und gehen Sie auch nicht zu seiner Box. Warten Sie stattdessen so lange ab, bis sich Ihr Welpe wieder beruhigt hat, entspannt wirkt und nicht mehr jammert. Das ist der richtige Moment, ihn herauszulassen.

Grundsätzlich sollten Sie nie eine Tür öffnen oder zum Welpen gehen, solange dieser sich aufregt. (Es sei denn, es gibt ein dringendes Anliegen für die Aufregung – etwa, dass der Welpe dringend einmal muss.) Denn der Welpe weiß nicht, dass Sie sowieso vorhatten, die Tür zu öffnen. Für ihn wird es sonst scheinen, als habe sich die Tür geöffnet, WEIL er gejammert hat. Dies führt dann dazu, dass sich dieses Verhalten steigert. Wer das nicht möchte, sollten Sie unbedingt einen ruhigen Moment abwarten, ehe die Zeit des Alleinbleibens beendet wird.

Erwarten Sie von Ihrem Welpen nicht zu schnell zu viel! Es kann etwas dauern, bis junge Hunde es schaffen, alleine bleiben zu können. Einige Welpen fangen an, aus Nervosität die Inneneinrichtung umzudekorieren. Gerade in diesen Fällen kann eine Box sehr hilfreich sein. Grundsätzlich sollte der Welpe einen bekannten Ruheplatz haben und anfangs nur alleine gelassen werden, wenn er sowieso müde ist. So vermeiden Sie Probleme von Anfang an.

Nein

Kategorie:	Grundkommandos, Kommunikation
Wichtigkeit:	★★★
Wie oft üben:	3 x täglich 10 Minuten

Eines der wichtigsten – wenn nicht DAS wichtigste Grundkommando –, das Ihr Hund jemals lernen wird. Das „Nein“ sagt dem Hund, dass er das, was er jetzt gerade tut oder tun möchte, nicht darf. Dieses Kommando kann die Lebensversicherung des Hundes sein. Etwa dann, wenn er etwas Giftiges nicht fressen soll. Oder wenn er hinter einem anderen Tier herlaufen will und sich in dieser Richtung eine viel befahrene Straße befindet. Aber wie bringt man dem Welpen bei, was das „Nein“ zu bedeuten hat?

Es gibt zwei verschiedene Wege, dies zu tun. Den einen Weg nenne ich das „kommunikative Nein“. Die zweite Variante ist das „kooperative Nein“.

Kommunikatives Nein	Kooperatives Nein
Geeignet für alle, die gerne direkt und klar kommunizieren.	Einfacher für alle, denen die körpersprachliche Kommunikation etwas schwerer fällt.
Wenige Wiederholungen notwendig, da der Sinn schnell verinnerlicht wird.	Viele Wiederholungen nötig, bis der Sinn verstanden werden kann.
Kein Nachdenken erforderlich, da klare Kommunikation.	Der Hund muss selbst nachdenken, um auf die Lösung zu kommen.
Beziehungskomponente: ausgeprägt	Beziehungskomponente: kaum ausgeprägt.

Ich bevorzuge das „kommunikative Nein”, weil dieses Kommando so wichtig ist und es sinnvoll ist, wenn der Welpe die Ernsthaftigkeit dahinter versteht. Erinnern Sie sich daran, dass wir im Theorie-Teil dieses Buchs auch über die Beziehung zwischen Mensch und Hund gesprochen haben? Wer seinem Hund etwas verbieten kann und dabei von diesem auch ernst genommen und verstanden wird, sammelt viele Punkte auf der Beziehungsebene!

Wem es aber schwerfällt, das Ganze körpersprachlich rüberzubringen und ein entsprechendes Statement zu setzen, der kann auch mit dem „kooperativen Nein" sehr gute Erfolge erzielen.

Ich erkläre Ihnen in der Folge beide Wege.

Benötigte Materialien:

- Leckerchen

Durchführung kommunikatives Nein:

Rufen Sie sich die vier Säulen einer erfolgreichen Welpenerziehung in Erinnerung: Unter „Kommunikation" haben wir bereits gelernt, welche körpersprachlichen Signale abstandsvergrößernd wirken. Diese Signale sind es auch, die wir nutzen können, um etwas zu beanspruchen, das der Welpe nicht haben darf. Und auf diese Weise bringen wir dem Welpen bei, was das Wort „Nein" zu bedeuten hat. Denn das versteht er natürlich noch nicht.

Zunächst geht es darum, dass Sie Ihre eigene Körperhaltung wahrnehmen und sich auch innerlich darauf einstellen, dass Sie nun etwas verbieten wollen.

Wie genau das Verbot dann aussehen kann, zeige ich Ihnen anhand zweier Beispiele:

Schauen Sie sich zunächst die beiden Hunde auf dem nächsten Foto an. Der linke Welpe schaut dem rechten über den Nasenrücken hinweg direkt in die Augen. Seine Ohren sind – obwohl der Welpe schlappohrig ist – nach vorne gerichtet, die Nase leicht kraus gezogen. Wie man sieht, schaffen es Hunde selbst im Liegen, ihren Körperschwerpunkt so weit nach vorne zu verlagern bzw.

sich so frontal auszurichten, dass dies unmissverständlich ist. Dieser Welpe sagt zu seinem Geschwister eindeutig: „Nein! Das hier ist meins!"

Und an dessen zurück gerichteter Körperhaltung wiederum können wir wunderbar ablesen, dass die Nachricht angekommen ist. Der stehende Welpe tritt den Rückzug an und wird sich dem Futter, das der liegende Welpe zwischen den Pfoten hat, zumindest in dieser Momentaufnahme nicht nähern.

Auch wir Menschen können so kommunizieren. Wir brauchen dafür weder die Zähne zu zeigen noch die Nase kraus zu ziehen. Insbesondere für Anfänger auf diesem Gebiet ist es erst einmal vollkommen ausreichend, folgende Punkte zu berücksichtigen:

- Nach vorne gerichtete Körperhaltung
- Angespannte Muskulatur
- Ernster Blick in Richtung des Hundes
- Gegebenenfalls mit Unterstützung durch eine nach vorne gerichtete Hand. Diese darf den Welpen auch berühren, um ihn konsequent auf Abstand zu halten:

Mithilfe dieser körpersprachlichen Signale können Sie die Übung nun optimal ausführen:

- Legen Sie ein Leckerchen vor sich auf den Boden, sodass der Welpe es wahrnimmt und es sehen kann.
- Nehmen Sie eine angespannte, nach vorne gerichtete Körperhaltung ein und unterstützen Sie diese Haltung gegebenenfalls. Zum Beispiel, indem Sie einen Schritt auf den Welpen zu machen oder (falls Sie sitzen) die Hand zur Abstandsvergrößerung nutzen.

Nun haben wir bereits besprochen, dass Hunde sehr unterschiedlich sind. Bei manchen Welpen reicht es aus, wenn Sie eine finstere Miene aufsetzen und sich leicht nach vorne beugen. Möglicherweise unterstützen Sie Ihre Körpersprache dabei auch durch ein kurzes Räuspern, damit der Welpe wahrnimmt, dass Sie gerade mit ihm kommunizieren. Setzt sich Ihr Welpe nun in einiger Entfernung hin und akzeptiert Ihr Verbot, dann ist die Nachricht angekommen! Versucht er weiterhin, an das Leckerchen zu Ihren Füßen zu kommen, müssen Sie etwas deutlicher werden und alle zuvor aufgezählten Signale zur Abstandsvergrößerung intensiv zeigen.

Klappt es überhaupt nicht und artet stattdessen in einen körperlichen Kampf aus, ist es ratsam, frühere Übungen wie die zur Frustrationstoleranz noch einmal zu wiederholen und sicherzustellen, dass der Welpe schon gelernt hat, sich etwas zurückzunehmen.

Das Wort „Nein“ können Sie mit einbauen und als Verbotswort benutzen, sobald Sie sich sicher sind, dass Ihr Verbot auch wirklich funktioniert und beim Welpen ankommt: Sagen Sie „Nein“ (ruhig in deutlich ernstem Ton, aber Sie müssen nicht laut werden) und in der nächsten Sekunde bringen Sie den Welpen körpersprachlich auf Distanz. So verbindet er das Wort mit Ihrem körpersprachlichen Verbot!

Durchführung kooperatives Nein:

Das „kooperative Nein“ signalisiert dem Welpen, dass er das, was er gerade möchte, jetzt schlichtweg nicht bekommt und er daraufhin für seine Zurückhaltung belohnt werden wird. Diese Herangehensweise ist besonders dann gut für Sie umsetzbar, wenn Ihnen das körpersprachliche Durchsetzen eines Verbots weniger liegt. Dafür verlangt das Anlernen Ihnen mehr Fleiß ab, da es schlichtweg länger dauert, bis es gut funktioniert und auch in unterschiedlichen Situationen anwendbar ist.

- Nehmen Sie ein Leckerchen in Ihre Hand und zeigen Sie es dem Welpen.
- Schließen Sie Ihre Hand und sagen Sie dabei „Nein“.
- Warten Sie so lange ab, bis Ihr Welpe nicht mehr an der Hand schnüffelt und versucht, an das Leckerchen zu kommen.
- Wenn Ihr Welpe „aufgibt“ und sich zurücknimmt, loben Sie ihn und öffnen gleichzeitig die Hand.
- Wenn Ihr Welpe es nun schafft, weiter abzuwarten, darf er das Leckerchen in der Folge fressen.
- **Achtung**: Nicht das Öffnen der Hand ist die Freigabe! Wenn Ihr Welpe jetzt wieder nach dem Leckerchen schnappen möchte, schließen Sie Ihre Hand sofort wieder! Erst mit Ihrem „Okay“ sollte er das Leckerchen dann auch nehmen dürfen.

Der Welpe lernt hier, dass Ihr „Nein“ bedeutet, dass er das, was er möchte, nun nicht bekommen wird. Ebenso lernt er, dass seine einzige Möglichkeit, doch noch an das begehrte Leckerchen zu kommen, darin besteht, sich zurückzunehmen. Die Belohnung für diese Zurückhaltung ist dann das Öffnen der Hand und die Freigabe zum Fressen.

Wenn die obigen Schritte gut funktionieren, gehen Sie zur Überprüfung über:

- Zeigen Sie dem Welpen das Leckerchen und sagen Sie „Nein“, ohne die Hand zu schließen. Wenn er die Übung verstanden hat, wird er nun nicht versuchen, das Leckerchen zu nehmen, sondern stattdessen abwarten.
- Wenn er versucht, es zu nehmen, schließen Sie augenblicklich die Hand!
- Wenn er sich zurücknimmt, öffnen Sie Ihre Hand langsam wieder. Das Ziel ist, dass Ihre Hand geöffnet bleiben kann, ohne dass der Welpe an das Futter geht. Immer dann, wenn er versucht, an das Leckerchen zu gehen, schließen Sie Ihre Hand.
- Wenn Ihr Welpe schließlich brav abwartet, obwohl die Hand geöffnet ist, loben Sie ihn und geben das Leckerchen frei.

Mögliche Probleme und deren Lösungen:

- Mein Welpe schafft es überhaupt nicht, sich zurückzunehmen.
  - ☐ Vereinfachen Sie die Übung etwas, indem Sie ein etwas weniger „wertvolles“ Leckerchen nehmen (zum Beispiel Trockenfutter statt Fleischwurst).
  - ☐ Wiederholen Sie die Übung zu „Frustrationstoleranz“ und versuchen Sie es dann erneut. Der Welpe kann auf die vorherige Erfahrung zurückgreifen und es fällt ihm leichter, auf Abstand zu gehen.
  - ☐ Leinen Sie Ihren Welpen notfalls an, sodass Sie die Hand etwas weiter von ihm entfernt halten können – das ist vor allem dann sinnvoll, wenn Sie versuchen, das „Nein“ kooperativ beizubringen, und der Welpe nicht aufhört, in Ihre Hand zu beißen.

- Ich schaffe es nicht, das kommunikative „Nein“ durchzusetzen.
  - Auch hier hilft es, zunächst etwas weniger Hochwertiges zu nehmen – oder die Übung dann zu machen, wenn der Hund bereits gefressen hat und nicht mehr so hungrig ist. Es fällt ihm dann leichter, ein Verbot zu akzeptieren, und Sie können sich in Ihrer Körpersprache etwas ausprobieren.

Wichtig!

Viele Menschen gebrauchen das Verbotswort „Nein“ geradezu inflationär. Verwenden Sie es nur, wenn Sie sicherstellen können, dass es auch durchgesetzt wird. Wenn Sie nun täglich viele Male das Wort „Nein“ gebrauchen, es aber in einem Großteil der Fälle ignoriert wird oder der Welpe doch zum Erfolg kommt, dann wird Ihr Hund lediglich lernen, dass man dieses Wort ganz toll ignorieren kann.

Einmal ausgesprochen, muss das „Nein“ auch beachtet werden. Verwenden Sie es im Ernstfall daher erst, wenn es wirklich gut sitzt oder Sie daneben stehen und auf Ihren Hund einwirken können.

Weiten Sie die Übung außerdem auf andere Kontexte aus. Nach dieser Übung kann Ihr Hund ein Leckerchen auf Ihrer Hand liegen lassen, ohne es aufzunehmen. In der Folge müssen wir diese Übung auf andere Situationen übertragen.

Zum Beispiel, indem Sie:

- die gleiche Übung an verschiedenen Orten ausprobieren.
- Ein Leckerchen auf den Boden fallen lassen und dieses verbieten – entweder kommunikativ oder kooperativ. Dabei können Sie zum Beispiel mit dem Fuß auf das Leckerchen treten und so den Zugang verwehren.
- den Hund daran hindern, unterwegs etwas vom Boden aufzunehmen.
- dem Hund verbieten, einen Gegenstand oder ein Spielzeug zu nehmen, bevor Sie es erlauben.

Anstelle des Leckerchens kann natürlich auch alles Weitere verboten und wieder erlaubt werden – zum Anlernen im Welpenalter eignet sich Futter aber besonders gut, weil es einfach zu handhaben ist und fast immer und überall zur Verfügung steht bzw. mitgenommen werden kann.

Aus

Kategorie:	Grundkommandos
Wichtigkeit:	★★★
Wie oft üben:	3 x täglich 10 Minuten

Auch für das Erlernen des „Aus“ gibt es zwei verschiedene Möglichkeiten, die beide sehr gut funktionieren. Es kommt dabei lediglich darauf an, welche Übung Ihnen und Ihrem Welpen mehr Spaß macht.

Wichtig zu erwähnen ist noch, dass viele Menschen das Kommando „Aus“ für eine Reihe von Situationen gebrauchen, für die es gar nicht gedacht ist. Zum Beispiel, um einen bellenden Hund zum Schweigen zu bringen oder ihn vom Springen abzuhalten. „Aus“ bedeutet aber lediglich, dass der Hund das, was er im Fang hat, ausspucken soll. Nicht mehr und nicht weniger.

Dieses wichtige Grundkommando bringen wir dem Hund im Welpenalter zunächst rein kooperativ bei – wir möchten, dass der Welpe lernt, dass es sich IMMER lohnt, das auszuspucken, was er im Fang hat. Der Hintergrund ist der, dass es auch einmal sein kann, dass Ihr Hund etwas recht Kleines, aber Gefährliches in den Fang genommen hat. Zum Beispiel eine Glasscherbe – oder den allseits gefürchteten Giftköder. Wenn Ihr Welpe nun gelernt hat, dass es sich lohnt, auf „Aus“ gut zu hören, dann wird er auch diese Dinge restlos wieder ausspucken!

Benötigte Materialien:

- Große Kauartikel – entweder ein Rinderhautknochen, ein Schweineohr oder etwas Ähnliches.
- Kleine Leckerchen, die entweder genauso hochwertig sind, wie der Kauartikel – oder sogar ein kleines bisschen besser – Käse, Wurst, Trockenfutter ...
- Ein Zergel (oder ein anderes Zerrspielzeug)

Durchführung mit Futter:

Schritt 1:

- Halten Sie in einer Hand einen Kauartikel und halten Sie weitere Leckereien in Reichweite bereit. Es ist von Vorteil, wenn der Welpe die anderen Leckerchen zunächst noch nicht wahrgenommen hat.
- Geben Sie Ihrem Welpen den Kauartikel in den Fang und warten Sie kurz ab, bis er sich etwas „festgefressen" hat. Halten Sie den Kauartikel dabei aber mit Ihrer Hand weiter fest, damit der Welpe gar nicht erst auf die Idee kommt, sich damit zu entfernen.
- Nehmen Sie nebenbei ein Leckerchen in Ihre andere Hand.
- Zeigen Sie dem Welpen die tolle Belohnung (das Leckerchen). Ihr Welpe lässt den Kauartikel los und lernt: **Ausgeben lohnt sich!**

Nachdem der Welpe sein Leckerchen bekommen hat, geben Sie den Kauartikel wieder mit „Okay" frei und lassen den Welpen erneut darauf kauen. Danach können Sie die Übung mehrfach wiederholen.

Auf dem folgenden Foto sehen Sie, wie es optimalerweise läuft: In ihrer linken Hand hält die Person ein Schweineohr, an dem der Welpe kauen darf. Aus der rechten Hand wird gefüttert – wenn der Welpe das Leckerchen genommen hat, darf er weiter kauen.

Wenn dies zuverlässig funktioniert, gehen wir zu Schritt 2 über.

Schritt 2:

- Wir fügen das Kommando „Aus“ hinzu: Genau in dem Moment, bevor der Welpe den Kauartikel ausgibt, sagen wir „Aus“. Der Welpe lernt, das Kommando und das Ausgeben miteinander zu verbinden.

Schritt 3 (erst, wenn Schritt 1 und 2 absolut zuverlässig funktionieren):

- Der Hund soll ausgeben, bevor er die Belohnung sieht oder wahrnimmt. Sie zeigen das Leckerchen noch nicht, sagen aber „Aus“. Nun sollte der Welpe in Erwartung seiner Belohnung den Kauartikel ausgeben.
- Sie nehmen schnell ein Leckerchen in die Hand und belohnen das Ausgeben. Auch hier darf der Welpe direkt danach natürlich mit Freigabe weiter kauen.

Ein Weglassen von Schritt 3 kann dazu führen, dass Ihr Welpe in Zukunft immer genau überprüft, ob Sie wirklich etwas Besseres für ihn haben. Möglicherweise gibt er dann nur aus, wenn Sie ihm als Bestechung etwas sehr Tolles zeigen. Damit dies nicht passiert, ist es sehr wichtig, Schritt 3 zu üben.

Mögliche Probleme und deren Lösungen:

- Der Welpe gibt den Kauartikel nicht her, wenn ich ihm die Belohnung zeige (Schritt 1).
  - ◻ Wählen Sie eine hochwertigere Belohnung. Wenn Sie Ihrem Welpen im Tausch für ein Schweineohr nur einen Brocken Trockenfutter anbieten, ist der Anreiz vielleicht nicht groß genug. Im Idealfall ist das Leckerchen genauso toll oder ein bisschen hochwertiger als der Kauartikel.
- Mein Welpe nimmt den Kauartikel nicht mehr in den Fang, weil er das Leckerchen besser findet.
  - ◻ Dieses Problem tritt häufiger auf. Belohnen Sie den Hund nicht, sondern warten Sie, bis er sich wieder „festgekaut" hat. Die Belohnung folgt erst, wenn Sie vom Welpen erwarten, dass er es ausgibt. Und nicht, wenn der Welpe entscheidet, dass er gerne eine Belohnung hätte.
  - ◻ Verändern Sie die Wertigkeit des Leckerchens: Nehmen Sie zum Beispiel etwas Trockenfutter anstelle von Käse oder Wurst zum Belohnen.

Durchführung mit Zergel:

Die Durchführung dieser Übung mit dem Zergel hat Vor- und Nachteile. Meiner persönlichen Erfahrung nach lernt der Welpe das „Aus" hiermit besonders schnell. Außerdem hat der Mensch nebenbei die Möglichkeit, die eine oder andere Spielregel festzulegen. Darüber hinaus lernen wir auch eine Menge über den jeweiligen Hund und darüber, wie sein Temperament ist.

Dennoch – oder gerade deswegen – ist diese Übung für Fortgeschrittene. Wenn Sie sich zutrauen, Ihren Welpen zu bremsen, wenn er zu sehr aufdreht, dann ist diese Übung für Sie perfekt.

Bei dieser Variante lernt der Welpe, dass das Spiel immer dann fortgeführt wird, wenn er das Zerrspielzeug ausgibt. Es lohnt sich für ihn also, das „Aus" zu befolgen. Die Belohnung ist dabei immer das Zerrspiel. Sie sollten immer in der Lage sein, das Spiel zu beenden, wenn Sie das Gefühl haben, dass es zu wild wird.

Schritt 1:

- **Zergeln mit dem Hund:** Motivieren Sie Ihren Hund dazu, in das Zerrspielzeug zu beißen und darauf herumzukauen. Klassischerweise lassen Sie ihn am Spielzeug ziehen und zerren Ihrerseits in die entgegengesetzte Richtung. Dabei darf natürlich auch der Welpe ab und zu gewinnen. Sonst macht ihm dieses Spiel keinen Spaß.
- Wenn der Hund das Zergel kennt und gerne damit spielt, können Sie zu Schritt 2 übergehen.

Schritt 2:

- **Spielunterbrechung:** Halten Sie das Zergel einfach nur fest. Stocksteif, ohne jede Regung und Kontaktaufnahme mit Ihrem Hund. Sie tun einfach nur nichts! Dabei halten Sie das Zergel ein kleines bisschen erhöht, sodass der Hund seinen Hals nach oben recken muss, um es noch festzuhalten (siehe Foto). Diese Position ist zum Festhalten nicht sehr angenehm für den Hund – nach einem Moment der Verwirrung wird Ihr Welpe das Zergel loslassen.
- Sobald der Welpe losgelassen hat und sich zurücknimmt, belohnen Sie dies: Sie sagen „Okay" und spielen direkt weiter! Ihr Welpe lernt: **Wenn ich das Spielzeug ausgebe, geht das Spiel weiter**!
- Wiederholen Sie diese Übung, bis sie zuverlässig funktioniert und Ihr Welpe das Zergel loslässt, sobald Sie Ihrerseits das Spiel unterbrechen und nur noch festhalten, ohne das Zergel zu bewegen oder mit dem Welpen zu interagieren.

Schritt 3 (erst, wenn Schritt 1 und 2 absolut zuverlässig funktionieren):

- Sie führen die Übung genau so aus wie in Schritt 2, fügen aber nun auch das Kommando hinzu: In dem Moment, bevor Ihr Welpe das Zergel ausgibt, verwenden Sie das Kommando „Aus“.

Mögliche Probleme und deren Lösungen:

- Mein Welpe gibt das Zergel nicht her.
  - Manche Welpen steigern sich in dieses Spiel so sehr hinein, dass sie nicht mehr loslassen. Besonders häufig geschieht dies bei Hunden, die schon rassebedingt sehr begeisterungsfähig sind: etwa Terrier oder Schäferhunde.
    Halten Sie das Zergel auf der im Foto gezeigten Höhe (etwas über Kopfhöhe) einfach nur fest und warten Sie ab. Wenn der Welpe dennoch keine Pause einlegt, dann ist diese Übung für Sie und Ihren Hund vielleicht weniger gut geeignet: Wählen Sie stattdessen die Leckerchen-Variante.

- Mein Welpe findet das Zergel langweilig.
  - Sie könnten versuchen, Ihren Welpen im Zerrspiel vor Beginn der Übung noch häufiger gewinnen zu lassen und ihn dadurch zu motivieren. Wenn der Welpe das Zergel partout nicht mag, können Sie entweder einen anderen Gegenstand wählen oder aber stattdessen die Leckerchen-Variante der Übung machen.

Tipp:

Das Kombinieren und Abwechseln beider Übungen ist eine gute Möglichkeit, dem Welpen beizubringen, dass das „Aus" für unterschiedliche Gegenstände und Situationen gilt.

Fehlerquelle:

Nach dem „Aus" bestimmen unbedingt Sie durch eine Freigabe (zum Beispiel „Okay"), dass das Spiel fortgeführt werden darf, und nicht Ihr Welpe. Wenn Ihr Welpe von sich aus wieder an das Zergel geht oder hineinbeißt, halten Sie es wieder so fest, dass das Ziehen langweilig und unangenehm ist, so wie in der Durchführung beschrieben.

Rückruf

Kategorie:	Grundkommandos
Wichtigkeit:	★★★
Wie oft üben:	3 x täglich 10 Minuten

Das vielleicht Wichtigste aller Grundkommandos! Leider auch jenes, das häufig am schlechtesten funktioniert. Ein guter Rückruf ist die Lebensversicherung Ihres Welpen! Es kommt immer wieder vor, dass Hunde wildern gehen oder in Richtung viel befahrener Straßen rennen. Dementsprechend wichtig ist es, dem Welpen beizubringen, auf Kommando zurückzukommen.

Wählen Sie als Rückrufkommando ein Wort, das Sie im Alltag sonst nicht so häufig verwenden. „Komm" ist eher ungeeignet, da es in vielen Situationen gedankenlos gebraucht wird. Viele Hundebesitzer wählen daher das „Hier". Beachten Sie beim Beibringen des Rückrufs ein paar grundsätzliche Regeln, damit Sie Fehler von Anfang an vermeiden:

- Rufen Sie den Welpen niemals mit dem Rückrufkommando, wenn er sowieso nicht kommen wird – wenn er zum Beispiel bereits mit Hochgeschwindigkeit in Richtung eines Hundekumpels läuft, aber eben noch nicht sicher aus dieser Situation abrufbar ist! Sonst lernt er lediglich, dass man das Rückrufkommando auch einfach ignorieren kann.
- Verwenden Sie das Rückrufkommando anfangs immer nur in Situationen, in denen Ihr Welpe sowieso gerade zu Ihnen kommen möchte. Oder wenn er gerade verträumt und gedankenverloren zu sein scheint, sodass Ihr Rückruf auch wirklich bei ihm ankommen kann.
- Bewegen Sie sich beim Rückruf nicht auf den Hund zu. Entfernen Sie sich entweder in die entgegengesetzte Richtung oder nutzen Sie Ihre Körpersprache, indem Sie sich klein machen und eher vom Welpen abwenden.
- Bestrafen Sie den Welpen niemals, wenn er zu Ihnen kommt. Auch dann nicht, wenn er zuvor weggelaufen ist. Insbesondere im Welpenalter kann der Hund dies beim besten Willen nicht verstehen – das Kommen zu Ihnen sollte daher nicht mit einer Strafe verbunden sein.
- Lassen Sie Ihren Welpen auf jedem Spaziergang mindestens 9- von 10-mal direkt nach dem Rufen und Belohnen wieder laufen. Wenn Sie den Welpen stattdessen nach jedem Rufen anleinen oder ihn nicht mehr laufen lassen, wird er dies als Bestrafung abspeichern: „Wenn ich höre, passiert etwas Unangenehmes: Ich werde immer angeleint!"

Benötigte Materialien:

- Unterschiedliche Belohnungen (Leckerchen, Spielzeug)

Durchführung:

Das Rückrufkommando hat zu Beginn keinerlei Bedeutung für den Hund. Sie könnten genauso gut „Kartoffelbrei" rufen und hoffen, dass Ihr Hund kommt. Das wird wahrscheinlich auch nicht funktionieren. Folglich reichern wir den Begriff zunächst mit Bedeutung an und gehen dann dazu über, das Kommando gezielt zu trainieren.

Schritt 1: Beibringen des Rückruf-Kommandos

- Nehmen Sie ein paar besonders leckere Futterstücke zur Hand (alternativ können Sie mit einem Spielzeug oder dem Zergel belohnen).
- Sagen Sie das Kommando „Hier" und geben Sie sofort in der darauffolgenden Sekunde ein Leckerchen oder beginnen Sie ein Spiel.
- Wiederholen Sie dies 10–20-mal hintereinander, dreimal am Tag. Zwei Tage lang.
- Zur Überprüfung: Warten Sie auf einen Moment, in dem Ihr Welpe entspannt wirkt, Ihnen aber gerade keine Aufmerksamkeit schenkt. Geben Sie dann Ihr Kommando „Hier". Schaut Ihr Welpe nun sofort zu Ihnen und kommt heran, weil er eine Belohnung erwartet, dann ist Schritt 1 abgeschlossen! Ihr Welpe weiß inzwischen, dass das Wort „Hier" bedeutet, dass er eine Belohnung bei Ihnen bekommt.

Schritt 2: Herankommen

- Suchen Sie gezielt nach Situationen, in denen Ihr Welpe gerade nicht wirklich auf Sie achtet, aber auch nicht sehr aufgeregt ist. Ideal sind Momente, in denen er verträumt herumschaut und gerade sowieso nicht recht zu wissen scheint, was er tun soll.

- Begeben Sie sich in etwa 1–2 Meter Entfernung vom Welpen und sagen Sie Ihr Rückrufkommando.
- Der Welpe sollte sich jetzt zu Ihnen drehen und Sie anschauen, vielleicht auch schon in Ihre Richtung laufen.
- Gehen Sie in die Hocke oder gehen Sie einen Schritt von Ihrem Welpen weg, um den Reiz, zu Ihnen zu kommen, noch zu verstärken.
- Ihr Welpe kommt zu Ihnen.
- Loben und belohnen Sie Ihren Welpen.
- Lösen Sie die Übung mit einem „Okay" wieder auf.

Schritt 3: Schwierigkeitsgrad erhöhen

Wenn Schritt 2 zuverlässig funktioniert, vergrößern wir den Abstand und erhöhen nach und nach den Schwierigkeitsgrad:

- Vergrößern Sie langsam die Entfernung.
- Üben Sie an unterschiedlichen Orten.
- Rufen Sie den Welpen auch einmal ab, wenn er etwas abgelenkt ist.

Mögliche Probleme und deren Lösungen:

- Mein Welpe reagiert draußen überhaupt nicht auf das Kommando.
  - □ Wiederholen Sie Schritt 1 auch draußen auf dem Spaziergang. Am besten in einer Umgebung, in der es wenig oder keine Ablenkung gibt. Manchmal verlangen wir zu schnell, dass der Welpe die Dinge an verschiedenen Orten gleichermaßen gut umsetzt. Da Hunde aber kontextbezogen lernen, muss ein neuer Kontext oft noch einmal mit einer vereinfachten Übung einhergehen.
- Mein Welpe kommt nur, wenn er vorher weiß, dass ich ein Leckerchen habe.
  - □ Dann ist im Übungsaufbau ein Fehler passiert: Der Welpe sollte vorher nicht genau mitbekommen, dass Sie eine Belohnung haben und welche. Sie sollten generell erst dann nach

dem Leckerchen greifen, wenn Ihr Welpe das Kommando befolgt hat. Wenn Sie dies bereits vorher tun, kann es sein, dass Ihr Welpe nicht das Kommando „Hier“, sondern Ihren Griff in die Tasche mit dem Zurückkommen verbindet. Spätestens ab Schritt 2 sollten Sie Ihr Leckerchen also erst dann präsentieren, wenn der Welpe schon bei Ihnen ist. Auf keinen Fall sollten Sie ihn mit dem Leckerchen locken!

- Mein Welpe schaut mich zwar an, wenn ich rufe, kommt aber nicht.
  - Statt in die Hocke zu gehen, können Sie sich vom Welpen wegbewegen. Dies animiert ihn zusätzlich dazu, Ihnen zu folgen. Außerdem sollte es anfangs natürlich immer eine tolle Belohnung bei Ihnen geben.
  - Wenn Ihr Welpe gerade bereits dem Welpenalter entwächst, genau weiß, was gemeint ist, sich aber gegen das Zurückkommen entscheidet, dann haben Sie einen kleinen Konflikt mit Ihrem pubertierenden Hund.
    Diesen können Sie entweder kommunikativ lösen oder indem Sie eine Schleppleine verwenden und Ihren Hund mit dieser zusätzlich absichern. Eine kommunikative Lösung wäre zum Beispiel, einen deutlichen Schritt auf den Welpen zuzugehen und dabei mit einem „Hey!“ auf sich aufmerksam zu machen. Wenn der Welpe nun ertappt dreinschaut, hocken Sie sich erneut ab und signalisieren dem Hund so, dass er gerne zu Ihnen kommen darf. So weiß der Welpe, dass das Ignorieren Ihres Kommandos nicht akzeptiert wird, er danach aber wieder zu Ihnen kommen kann und dann alles in Ordnung ist. Dieses Vorgehen erfordert etwas Übung. Außerdem sind die Charaktere unserer Welpen sehr verschieden: Einige sind sehr sensibel, andere eher robust. Die richtige Dosis entscheidet hier, ob die Nachricht überhaupt ankommt.
  - Wenn es generell noch nicht so gut klappt und Ihr Hund öfter davonläuft, sollten Sie in der Trainingsphase zusätzlich eine Schleppleine verwenden. So verhindern Sie zumindest, dass Ihr Hund ganz davonläuft.

Wichtig:

Wir haben bereits an anderer Stelle den Begriff der „intermittierenden Verstärkung“ angesprochen. Um das Befolgen des Rückrufs so attraktiv wie möglich zu machen, sollten Sie mit der Belohnung variieren! Man hat herausgefunden, dass es viel effektiver ist, unregelmäßig zu belohnen, als jedes Mal die gleiche Belohnung anzubieten. Diesen Lotterie-Effekt machen wir uns zunutze:

Manchmal gibt es etwas ganz besonders Tolles, was es sonst nie gibt. (Gerade beim Rückruf sollten wir mit besonders attraktiven Belohnungen arbeiten.) Manchmal wird der Hund als Belohnung mit einem fröhlichen Zerrspiel überrascht, ab und zu gibt es nur ein Stück Trockenfutter – und ab und an auch gar nichts. Wenn Sie die Belohnung für Ihren Rückruf so gestalten, dann wird er umso besser funktionieren!

Leinenführigkeit

Kategorie:	Fit für den Alltag
Wichtigkeit:	★★☆
Wie oft üben:	Auf jedem Spaziergang 5–10 Minuten

Um die Leinenführigkeit üben zu können, müssen wir erst einmal kurz festlegen, was das denn überhaupt ist! Einigen Menschen reicht es schon vollkommen aus, wenn der Hund sie nicht wie der Ochse den Karren hinter sich herschleift.

In diesem Buch streben wir aber etwas anderes an: Der Welpe lernt sowieso, nicht an der Leine zu ziehen! Darüber hinaus lernt er, leinenführig zu gehen: Dabei geht er direkt neben uns und bewegt sich in die gleiche Richtung wie wir. Währenddessen muss er uns nicht dauerhaft angucken, aber eben darauf achten, wohin wir uns bewegen – und uns folgen. Dies hat unter anderem den Vorteil, dass es später auch ohne Leine besser klappen wird, dass der Hund bei Ihnen bleibt.

Dies verlangt anfangs ein recht hohes Maß an Konzentration. Mit einem Welpen können wir die Leinenführigkeit also noch nicht in dem Maße üben wie mit einem erwachsenen Hund. Wir können aber grundsätzliche Fehler vermeiden und ihm bereits beibringen, wo er in der Leinenführigkeit seine Position hat.

Hierzu bedienen wir uns aber eines kleinen Tricks: Da ein Welpe sich nicht sehr lange auf korrektes Laufen an der Leine konzentrieren kann, bringen wir ihm bei, dass es zwei Varianten von „an der Leine laufen“ gibt: eine, bei der er brav neben uns läuft – und eine, bei der er „Freizeit“ hat. Indem wir im Freizeitmodus noch zusätzlich vermeiden, dass der Welpe zieht, haben wir eigentlich schon alles, was wir jemals brauchen: ein entspanntes Gehen an längerer Leine und zusätzlich die Option, auf ein engeres Laufen direkt neben uns zu wechseln.

Eine solche Unterscheidung können wir einfach etablieren, indem wir zum Beispiel ein Geschirr und ein Halsband benutzen und am Geschirr grundsätzlich immer der Freizeitmodus gilt, während am Halsband die Leinenführigkeit geübt wird. Die Alternative ist, dass wir unsere umklickbare 2-Meter-Leine im Freizeitmodus immer lang lassen, während wir sie in der Übung kürzer stellen. Beide Varianten funktionieren und unterstützen den Welpen darin, zu verstehen, wann er leinenführig laufen soll – und wann es egal ist.

Wichtig ist dies aus folgendem Grund: Selbst dann, wenn Sie noch so konsequent sind – es ist kaum möglich, jeden Gang an der Leine perfekt leinenführig zu schaffen. Gerade ein Welpe kann sich anfangs nur für 5 – 10 Minuten konzentrieren! Nun auf Biegen und Brechen vom Hund zu verlangen, dass er gut an der Leine läuft, ist nicht umsetzbar. Also können wir in diesen Augenblicken einfach die Leine umklicken und den Hund in seinen Freizeit-Modus entlassen. So geben wir uns selbst auch die Möglichkeit, nicht immer zu 100 % konsequent sein zu müssen. Zusätzlich kann der Hund abschalten und entspannt schnüffeln. Auch im Freizeit-Modus gilt natürlich, dass wir uns zu keinem Zeitpunkt vom Welpen in irgendeine Richtung ziehen lassen.

Benötigte Materialien:

- Entweder Halsband und verstellbare 2-Meter-Leine oder Halsband und Geschirr in Kombination mit verstellbarer 2-Meter-Leine

Kein Kommando?

Wir benötigen für die Leinenführigkeit kein Kommando, wenn wir grundsätzlich, wie oben beschrieben, unterscheiden. Am Halsband – oder an der kurz eingestellten Leine – wird IMMER ordentlich gelaufen, während in der anderen Einstellung IMMER Freizeit angesagt ist: ganz einfach. Hierfür brauchen wir kein Kommando. Wer möchte, kann dies aber gerne „bei Fuß" nennen und dieses Kommando immer dann geben, wenn die Übung beginnt. Der Vorteil: Ein solches Kommando können Sie dann später auch ohne Leine benutzen.

Fehler vermeiden:

- **Üben Sie die richtige Leinenführigkeit nur in kurzen Sequenzen**. Nicht mehr als 10 Minuten am Stück. Steigern Sie sich erst, wenn der Welpe es schon besser kann. Überforderung wird Ihnen die Übung sonst schnell kaputt machen.
- **Lassen Sie sich nie, wirklich nie, von Ihrem Welpen an der Leine irgendwo hinziehen**! Sobald Ihr Welpe zieht und Sie diesem Zug nachgeben, wird dieses Ziehen sich festigen. Selbst dann, wenn es nur ab und zu einmal passiert. Warten Sie stattdessen immer ab, bis der Welpe von sich aus den Zug aus der Leine nimmt.
- **Leinen Sie Ihren Welpen niemals ab, während er zieht**! Nicht selten treffen sich zwei befreundete Hundehalter und die Welpen wollen bereits zueinander rennen und spielen. Stellen Sie sich in einiger Entfernung voneinander hin, sodass die Hunde keinen Kontakt aufnehmen können. Hierbei kann man auch ganz prima den Fuß auf die Leine stellen. Unterhalten Sie sich und schenken Sie den Welpen erst einmal keine große Beachtung.

Wenn die Hunde sich beruhigt haben und nicht mehr an der Leine ziehen, können Sie die Leine abmachen. Vorher nicht!

- **Lassen Sie Ihren ziehenden Welpen nicht zu anderen Hunden oder Menschen**. Warten Sie immer ab, bis kein Zug mehr auf der Leine ist. Jedes Mal, wenn Ihr Welpe ziehenderweise Kontakt zu etwas oder jemandem aufnehmen kann, wird das Ziehen belohnt!

Achten Sie also darauf, dass das Ziehen niemals belohnt wird. Ironischerweise ist selbst das ziellose Ziehen in irgendeine Richtung selbstbelohnend – denn Ihr Hund ist der Auffassung, dass er die Vorwärtsbewegung herbeiführt. Er weiß nicht, dass Sie vielleicht sowieso in diese Richtung gegangen wären ...

Dies ist Ihre halbe Miete – und damit die halbe Leinenführigkeit. Wenn Sie all dies beachten, stehen Ihre Chancen schon recht gut, auch in der Pubertät grundsätzlich weniger Probleme mit dem Ziehen an der Leine – oder auch Leinenpöbelei – zu bekommen. Was uns nun noch fehlt, ist das Anlernen der richtigen Leinenführigkeit – direkt neben dem Menschen oder kurz hinter ihm.

Durchführung:

Schritt 1:

- Starten Sie in absolut ruhiger und ablenkungsfreier Umgebung, damit die ersten Versuche auch besonders gut funktionieren!

- Sprechen Sie Ihren Welpen an und geben Sie ihm ein Leckerchen, sodass er merkt, dass nun etwas passiert und er aufpassen soll.
- Klicken Sie die Leine um! Entweder vom Geschirr ans Halsband – oder von lang auf kurz.
- Entfernen Sie sich einen Meter vom Welpen und hocken Sie sich ab. Er wird direkt folgen. Holen Sie nun ein Leckerchen heraus und loben und belohnen Sie den Welpen für das Mitkommen.
- Wiederholen Sie diesen Schritt, bis Ihr Welpe auch ohne das Abhocken hinter Ihnen herläuft. Bleiben Sie weiterhin alle ein bis zwei Meter stehen und geben Sie dem Welpen eine Belohnung.

Ziel ist, dass der Welpe als ersten Schritt lernt, dass er nach dem Umklicken der Leine immer direkt hinter Ihnen herlaufen soll und dass sich dies lohnt. Schon bald können Sie die Abstände zwischen den Leckerchen etwas vergrößern und auch das Abhocken wird nicht mehr notwendig sein. Sobald Ihr Welpe verstanden hat, dass er an der kurzen Leine bzw. am Halsband hinter Ihnen herkommen soll, gehen Sie über zu Schritt 2:

Schritt 2:

In Schritt 2 steigern wir den Schwierigkeitsgrad und fügen einen wichtigen Teil hinzu: Bisher weiß Ihr Welpe, dass es sich lohnt, direkt hinter Ihnen her zu laufen. Jetzt lernt er, dass es sich nicht lohnt, dies nicht zu tun.

Früher oder später wird es passieren, dass Ihr Hund doch vorläuft. Nun haben Sie zwei Optionen:

1. Schneiden Sie Ihrem Welpen, wenn er Sie überholen will, den Weg ab und gehen Sie direkt in eine andere Richtung weiter. So hindern Sie ihn daran, vorzulaufen, und ändern zudem noch die Richtung.
2. Wechseln Sie kommentarlos die Richtung und gehen Sie einfach weiter. Dies macht vor allem dann Sinn, wenn Sie es nicht schaffen, Ihrem Welpen schnell genug den Weg abzuschneiden.

Sobald Ihr Welpe wieder zu Ihnen aufschließt und ein paar Schritte mitgelaufen ist, bekommt er wieder Lob und Belohnung. Ziel von

Schritt 2 ist es, dass der Welpe versteht, dass es in der Leinenführigkeit gar keine Alternative gibt: Er soll mit Ihnen mitkommen und nicht eigenmächtig entscheiden, etwas anderes zu tun.

Diese beiden Schritte sind im Welpenalter schon absolut ausreichend. Mit dem Trainingsstand des Hundes können Sie nach und nach die Dauer der Übung verlängern und auch in belebtere Gegenden wechseln. Vergessen Sie nicht, dass diese Übung sehr komplex ist. Der Welpe muss sich auf Sie konzentrieren und nach und nach lernen, dabei spannende Außenreize zu ignorieren. Loben Sie ihn und freuen Sie sich, wann immer er das gut macht! Verleiden Sie es ihm, die Übung eigenständig zu verlassen, und machen Sie vor allem frühzeitig eine Pause – und nicht erst, wenn der Welpe schon ganz müde ist.

Beenden Sie die Übung, indem Sie die Leine wieder verlängern bzw. am Geschirr befestigen und durch einen deutlichen Stimmungswechsel klarmachen, dass sich Ihr Welpe wieder frei bewegen darf. Zum Beispiel durch das Beginnen eines Spiels oder ein paar schnelle Schritte, begleitet von einem Klatschen in die Hände.

Mögliche Probleme und deren Lösungen:

- Mein Welpe kann eigentlich noch nicht müde sein, trödelt aber herum und konzentriert sich nicht.
    - ◻ Machen Sie Tempowechsel und ändern Sie häufiger die Richtung – das macht die Übung spannender!
- Mein Welpe ist unmotiviert und findet die Leckerchen langweilig.
    - ◻ Dieses Problem kann uns in jeder Übung begegnen, aber besonders bei der Leinenführigkeit haben wir tolle Möglichkeiten, alternativ zu belohnen. Variieren Sie die Belohnung und motivieren Sie Ihren Welpen auch mithilfe einer fröhlichen und einladenden Stimmung, mitzukommen.
- Mein Welpe rennt immer wieder vor.
    - ◻ Legen Sie Richtungswechsel ein. Passen Sie auf, dass Sie nicht versehentlich das Vorlaufen belohnen: Wenn der Welpe

immerzu nach vorne rennt und sich dann zu Ihnen umdreht, hat er vielleicht auch gelernt: „Oh, wenn ich nach vorne laufe und dann umdrehe, gibt es eine Belohnung!“ Belohnen Sie daher immer erst, wenn der Welpe einen Moment in der richtigen Position gelaufen ist.

- Die Übung klappt nur, wenn ich Leckerchen in der Hand halte.
  - Schon bei Schritt 1 sollte der Welpe immer erst belohnt werden, wenn er gefolgt ist. Das bedeutet, dass Sie das Leckerchen nicht vor seine Nase halten, sondern es herausholen, wenn der Welpe das richtige Verhalten zeigt. So vermeiden Sie, dass der Welpe erst einmal ausspioniert, ob sich das Folgen überhaupt lohnt. Wiederholen Sie den ersten Schritt und achten Sie darauf, das Leckerchen nicht als Lockmittel einzusetzen, sondern es erst zu zeigen und zu geben, wenn der Welpe bei Ihnen ankommt.

Bleib

Kategorie:	Grundkommandos
Wichtigkeit:	★★☆
Wie oft üben:	Täglich zweimal 10 Minuten

Ein „Bleib“ als Kommando brauchen wir nicht zwingend, wenn wir davon ausgehen, dass jedes Kommando so lange gilt, bis es aufgelöst ist.

Dennoch kann es Sinn ergeben, das Abwarten an einer Stelle mit einem Wort zu verbinden – oder wenigstens so zu üben, dass der Hund es auch ohne spezifisches Kommando kann.

Sie erinnern sich daran, dass wir von Anfang an das Auflösen des Kommandos zu dem Zeichen erklärt haben, auf das der Hund warten sollte, ehe er sich aus der Übung zurück in den Freizeitmodus begibt? Jetzt ist der Moment gekommen, in dem wir ganz aktiv Sorge dafür tragen, dass der Welpe auch wirklich abwartet.

Benötigte Materialien:

- Leine (um den Hund wieder an den Platz bringen zu können)
- Leckerchen

Der Hund sollte außerdem schon „Sitz" oder „Platz" können.

Durchführung:

- Geben Sie Ihrem Welpen das Kommando „Sitz" (oder „Platz") und belohnen Sie ihn.
- Bevor Ihr Welpe aufsteht, belohnen Sie ihn in seiner Position weiter dafür, dass er sitzen oder liegen bleibt. So verlängert sich die Dauer des Sitzens oder Liegens und der Welpe bleibt an seinem Platz.

Erst dann, wenn der Welpe schon einen Moment sitzen bleiben kann, während Sie noch direkt vor ihm stehen, steigern Sie den Schwierigkeitsgrad. Er sollte verstanden haben, dass Sitzenbleiben bedeutet, dass noch mehr Belohnungen kommen. Dann steigern Sie sich langsam:

- Gehen Sie einen Schritt rückwärts und sofort wieder vorwärts, um den Welpen an seinem Platz für das Sitzenbleiben zu belohnen.
- Wiederholen Sie diesen Schritt, bis es gut funktioniert und Ihr Welpe verstanden hat, dass er für das Sitzenbleiben belohnt wird und es sich lohnt, auch dann am Platz zu bleiben, wenn Sie sich einen Schritt von ihm entfernen. Dann lösen Sie das Kommando auf und machen eine Pause.
- Nach einer Pause beginnen Sie wieder damit, sich jeweils einen Meter vom Welpen zu entfernen und sofort wieder auf ihn zuzugehen, um ihn zu belohnen. Steigern Sie nun nach und nach

den Abstand. Gehen Sie mal zwei, mal drei Meter zurück, während der Welpe an seinem Platz bleibt. Bleiben Sie dem Welpen außerdem mit dem Oberkörper zugewandt, da dies körpersprachlich unterstützend wirkt und für „Abstand" steht, während ein Abwenden eher zum Folgen aufruft.

Bis hierher haben wir den Welpen dafür belohnt, am Platz zu bleiben. Es wird aber ein Punkt kommen, an dem der Welpe doch aufsteht – und hier kommt erstmalig das aktive Ausbremsen des Welpen ins Spiel:

Erinnern Sie sich an unsere Ausführungen zur Körpersprache und daran, wie man einem Hund körpersprachlich signalisiert, dass er nicht näherkommen soll? In dem Moment, da Ihr Welpe aufstehen und folgen möchte, machen Sie einen Schritt auf ihn zu und nehmen genau diese Haltung ein.

Wenn Sie es schwierig finden, auf diese Weise auf dem Bleiben am Platz zu bestehen, können Sie stattdessen die Leine nehmen und Ihren Hund damit zurück an den Platz bringen, an dem er warten sollte.

Wichtig:

Wenn der Welpe aufgestanden ist und Sie ihn hierfür korrigieren, dann belohnen Sie ihn nicht sofort wieder. Wiederholen Sie die Übung mit weniger Abstand und belohnen Sie dann, wenn es jetzt wieder klappt. Vergessen Sie auch bitte nicht, dass diese Übung schon für Fortgeschrittene ist.

Außerdem sollte der Welpe immer auch Erfolgserlebnisse haben: Wenn Sie ihn mehr als einmal korrigieren müssen, ist der Abstand vielleicht auch schon zu groß gewählt (oder Ihr Welpe ist schon müde vom Trainieren und braucht eine Pause). Machen Sie die Übung nicht zu schwer, sondern steigern Sie den Schwierigkeitsgrad langsam nach und nach.

Mögliche Probleme und deren Lösungen:

- Mein Welpe steht immer wieder auf, wenn ich mich etwas entferne.
  - Steigern Sie den Schwierigkeitsgrad langsamer. Sorgen Sie für Erfolge. Je weniger wir korrigieren müssen, desto besser!
- Ich schaffe es nicht, körpersprachlich Abstand herzustellen.
  - Das verlangt Übung! Schauen Sie sich noch einmal das Kapitel zur körpersprachlichen Kommunikation und die Übung „Räume beanspruchen“ an. Klappt es dennoch nicht, können Sie den Welpen auch an der Leine zurückführen.

Räume beanspruchen – Nähe und Distanz

Kategorie:	Kommunikation
Wichtigkeit:	★★☆
Wie oft üben:	Täglich zweimal 10 Minuten

Wenn wir über das Beanspruchen von Räumen sprechen, meinen wir damit nicht nur spezifische Räumlichkeiten innerhalb des Hauses. Hunde kommunizieren sehr viel über das Verwalten von Räumen und meinen hierbei nicht etwa die Küche, das Bad oder das Wohnzimmer. Sie nehmen den Raum ein, der sie umgibt. Sie zeigen ihrem Gegenüber, ob dieses den Raum derzeit betreten darf oder nicht. Dies funktioniert über Körpersprache – und das erstaunlich gut! Indem wir nun stellvertretend Räume in unserem Haus wählen, die wir für uns beanspruchen oder freigeben, können wir diese Art der Kommunikation lernen. Sie und Ihr Hund werden sich so noch besser gegenseitig verstehen. Das Tolle: Oft reicht ein kurzer Austausch von Blicken – und Ihr Hund weiß ganz genau, ob er zum Beispiel gerade an den Esstisch darf oder nicht! Diese Übung lohnt sich!

Falls Sie sich nicht mehr genau an das erinnern, was im Kapitel „Kommunikation“ stand, empfiehlt es sich, dort noch einmal nachzuschauen. Denn wenn Sie etwas für sich beanspruchen, tun Sie das genau in der Weise, wie dort das Herstellen von Abstand beschrieben wurde.

Benötigte Materialien:

- Nur Sie selbst – am besten an einem Tag, an dem Sie sich richtig gut fühlen. Denn Hunde merken, ob wir innerlich gerade auch das ausstrahlen, was wir nach außen zeigen.

Durchführung 1: Raum einnehmen

- Wählen Sie in ablenkungsarmer Umgebung einen Bereich oder eine imaginäre Linie aus, die der Hund nicht übertreten soll. Alternativ haben Sie die Möglichkeit, innerhalb Ihres Hauses einen Raum auszuwählen, den der Welpe nicht betreten soll. Besonders gut geeignet ist dabei oftmals die Küche, denn diese ist für den Welpen sehr attraktiv: Dort gibt es meistens Futter und es riecht gut. Gleichzeitig macht es die Türschwelle für Sie einfacher, eine Grenze auszumachen.
- Wenn Sie sich nun hinter Ihrer imaginären Linie oder in der Küche befinden und Ihr Welpe ebenfalls diesen Bereich betreten möchte, signalisieren Sie ihm körpersprachlich, dass er abstoppen soll:

Gehen Sie einen Schritt auf ihn zu, machen Sie sich groß und schauen Sie Ihren Welpen direkt an. Manchen Menschen hilft es, hierbei auch die Hand vor die Brust zu heben, um zusätzlich deutlich zu machen, dass nun Raum eingefordert wird. Dem Hund zeigt dies, dass er auf Abstand bleiben soll. Auch ein strenges Räuspern oder ein „Hey“ können hilfreich sein, weil der Hund die Stimme als solches wahrnimmt und so seinen Fokus eher darauf legt, dass wir gerade mit ihm in Kontakt gehen. Wenn er nämlich gar nicht sieht, dass wir ihm gerade ein körpersprachliches Signal geben, dann kann er darauf auch nicht reagieren.

Auf dem Bild können Sie erkennen, dass beide Hunde zurückgewichen sind. Sie hatten sich im vorherigen Moment auf die Person

zubewegt, dann aber aufgrund des forschen Schritts und der nach vorne gerichteten Körperhaltung des Menschen abgestoppt. Der Blick des schwarzen Schäferhundes und sein nach hinten verlagerter Körperschwerpunkt zeigen, dass er die Begrenzung verstanden hat. Auch der Welpe hat sich zurückgezogen. Er schnüffelt nun auf dem Boden und zeigt damit, dass er dem Druck ausweichen möchte. Für ihn hätte auch ein weniger intensives Ausstoppen ausgereicht, da er in dieser Situation sensibler reagiert als der erwachsene Hund im Bild. Dies zeigt auch, dass Sie Ihren eigenen Hund genau beobachten müssen:

- **Bleibt Ihr Hund einfach nur stehen,** geht einen Schritt zurück oder setzt bzw. legt sich hin, dann war die Dosierung perfekt.
- **Tritt Ihr Welpe irritiert den Rückzug an** (mehr als einen oder zwei Schritte), sollten Sie behutsamer sein: Manche Hunde reagieren auf die Körpersprache deutlich sensibler als andere.
- **Läuft Ihr Hund unbeirrt weiter**, hat Ihr Bemühen leider nicht ausgereicht und Sie dürfen noch deutlicher werden.

Auch hier spielen Genetik und Vorerfahrungen eine große Rolle: Ein Labrador ist tendenziell schwieriger auf Distanz zu halten als ein Saluki. Ein Welpe, der sowieso schon eher distanziert ist, sollte auch nicht oft mit körpersprachlichem Druck weggeschickt werden. Haben Sie dagegen einen jungen Hund, der Ihnen kaum von der Seite weicht, ist diese Übung ein Segen für beide Seiten: Der Hund lernt, auch einmal auf Abstand zu bleiben, und der Mensch wird nicht dauerhaft verfolgt.

Ebenso hat Ihre bisherige Entwicklung als Mensch-Hund-Team Einfluss darauf, wie diese Übung verläuft. Denken Sie an die Ausführungen zum Thema Beziehung. Ein Welpe wird seinem Menschen in diesem Moment nur „zuhören" können, wenn der Mensch auch in anderen Situationen schon gezeigt hat, dass er ein verlässlicher Kommunikationspartner ist und dass er eine Orientierung bietet!

Durchführung 2: Raum geben!

Die Durchführung des zweiten Teils, nämlich das körpersprachliche Einladen und damit das Freigeben des Raums, kann direkt an den ersten Teil angeschlossen werden. Sollten Sie für den ersten Teil einen Raum im Haus gewählt haben und soll dieser generell nicht betreten werden, führen Sie die gleiche Übung einfach an einem anderen Ort aus und schließen dabei den zweiten Teil an den ersten an.

- Nachdem Sie körpersprachlich signalisiert haben, dass Ihr Welpe auf Distanz bleiben soll, nehmen Sie jetzt die gegenteilige Haltung ein:

Hocken Sie sich ab, drehen Sie dem Welpen Ihre Körperseite oder den Rücken zu und laden Sie ihn mit einer freundlichen Geste (eine nette Ansprache oder ein Klopfen auf Ihr Bein) dazu ein, näherzukommen. Der Welpe sollte nun direkt erkennen, dass Sie ihm Raum zum Näherkommen gegeben haben: Daraufhin kommt er zu Ihnen und nimmt Kontakt auf.

Statt in die Hocke zu gehen, können Sie sich auch vom Welpen wegbewegen. Dies animiert ihn zusätzlich dazu, Ihnen zu folgen.

Auf dem obigen Bild sehen Sie, wie Sie sich zur gleichen Zeit kleinmachen, Ihren Körperschwerpunkt vom Welpen weg verlagern und ihm dabei die Seite bzw. Ihren Rücken zuwenden können. Lediglich der Blick des Menschen geht noch in Richtung des Hundes. Eine letzte Steigerung dieser Haltung wäre, den Blick vom Hund abzuwenden. Der Welpe im Bild weiß aber ganz genau, dass er nun herzlich willkommen ist, und kommt herbeigelaufen:

Mögliche Probleme und deren Lösungen:

- Mein Welpe ignoriert meine Ausstopp-Versuche.
  - ◻ Machen Sie die Übung an einer schmalen Stelle, sodass der Welpe nicht so leicht um Sie herumlaufen kann. Wiederholen Sie außerdem das kommunikative „Nein“, welches die gleichen körpersprachlichen Komponenten enthält.
  - ◻ Intensivieren Sie Ihre Körpersprache: Sie dürfen dabei auch verbal auf sich aufmerksam machen mit einem deutlichen „Hey!“. Hierbei geht es nicht darum, den Welpen laut auszuschimpfen, sondern seine Aufmerksamkeit darauf zu lenken, dass Sie gerade mit ihm kommunizieren.
  - ◻ Nutzen Sie Ihre Hand, um den Welpen immer wieder hinter Ihrer imaginären Linie zu platzieren. Wenn es rein körpersprachlich nicht klappt, dann können Sie hierfür auch eine Leine zur Hilfe nehmen und den Hund daran immer wieder zurückführen, bis er abwartet.
- Mein Welpe kommt nicht, wenn ich mich abhocke.
  - ◻ Gehen Sie ein paar Schritte von der Stelle weg, an der Sie Ihren Hund zuvor gebremst haben! Einige Welpen merken sich diesen Platz und ziehen es vor, an einer anderen Stelle zu Ihnen zu kommen.
  - ◻ Entfernen Sie sich etwas weiter vom Welpen, um den Anreiz zu erhöhen.
- Mein Welpe läuft weg, wenn ich ihn ausstoppe.
  - ◻ Gehen Sie behutsamer vor: Manche Welpen reagieren sensibler als andere und benötigen nur feine Signale.

Praxistipps

Bisher haben wir sowohl wichtige theoretische Grundlagen als auch praktische Übungen mit konkreten Anleitungen besprochen. Damit haben Sie bereits einen reichen Wissensschatz an der Hand!

Was nun noch fehlt, sind einige generelle Tipps für die Praxis, die Ihnen bei der Grunderziehung Ihres Welpen sehr helfen werden!

Richtig belohnen

Was ist eigentlich eine Belohnung? Wir wissen bereits, dass es positive und negative Verstärker gibt. Das heißt, dass eine Belohnung stattfinden kann, indem wir etwas Angenehmes hinzufügen – oder etwas Unangenehmes entfernen.

Somit ist auch das Ableinen des Hundes ein sehr mächtiger Verstärker – zum Beispiel dann, wenn Ihr Welpe zu einem anderen Hund zieht und Sie in diesem Moment die Leine lösen: Der Druck auf dem Halsband wird entfernt (negativer Verstärker) und zusätzlich erhält der Welpe etwas Angenehmes: das Rennen und die Kontaktaufnahme zum Gegenüber (positiver Verstärker). Sie können sich also vorstellen, dass wir auch ganz häufig versehentlich etwas belohnen, das wir eigentlich gar nicht so gut finden.

Um das zu vermeiden, müssen wir lediglich verstehen, was alles belohnend wirkt – und welche gut gemeinten Belohnungen vielleicht gar keine sind!

Beispiele für Dinge, die belohnend wirken können:

- **Leckerchen**
- **Körperkontakt, gestreichelt werden**
- **Freilauf bzw. das Lösen der Leine**
- **Aufmerksamkeit** (selbst ein kurzer Blick)
- **Schimpfen** (Auch das kann als Aufmerksamkeit und damit als positiv empfunden werden)
- **Schnüffeln**
- **Spielen**
- **Buddeln dürfen**
- **Ins Wasser rennen**
- **Ableinen**
- **Das Auflösekommando**
- **Aufs Sofa dürfen**
- **Kuscheln**
- **Zum Besuch rennen**
- **Menschen auf der Straße begrüßen**
- **Hundekontakt**
- **Öffnen der Tür zum Garten**
- **...**

Diese Liste können Sie beliebig ergänzen um alles, was Ihr Hund gerne mag! Allerdings definieren dabei nicht Sie, sondern der Hund, ob es sich wirklich um eine Belohnung handelt. Oftmals entstehen Missverständnisse, weil Menschen nicht genau darauf achten, ob Ihr Hund die Belohnung denn überhaupt als solche empfindet:

Beispiele für Missverständnisse:

- **Streicheln**: Oft belohnen Menschen Ihre Hunde mit einem Streicheln über den Kopf. Die meisten Hunde mögen dies aber gar nicht! Zieht Ihr Hund den Kopf weg? Verlagert er seinen Körper beim Streicheln von Ihnen weg? Dann ist das Streicheln für Ihren Hund keine Belohnung!

- **Leckerchen**: Sie rufen Ihren Hund und wollen ihm ein Leckerchen geben. Er nimmt dies allenfalls beiläufig wahr und lässt es sich lustlos in den Fang schieben? Oder Sie müssen sogar hinter ihm herlaufen, um ihm sein Leckerchen noch zu geben? (Ja, das gibt es wirklich!) Dann ist dieses Leckerchen keine Belohnung!

Achten Sie also auf die Reaktion des Hundes und darauf, ob auch er der Auffassung ist, dass Ihre Belohnung etwas Angenehmes darstellt!

Ist das noch Spiel? Spielverhalten erkennen

Viele Hundebesitzer haben Schwierigkeiten damit, Spielverhalten zu erkennen. Dabei ist es gar nicht so schwer. Es gibt einige Anzeichen, an denen Sie recht deutlich erkennen können, ob die Hunde noch spielen – oder es vielleicht gerade kippt.

Im Übrigen ist es gar kein Problem, wenn zwischen jungen Hunden ab und zu die Stimmung kippt – auch kleine Streitereien gehören dazu. Und solange sich die Welpen in etwa ebenbürtig sind und niemand zu Schaden kommt, ist auch eine kleine Auseinandersetzung absolut in Ordnung!

Wenn aber nun einer der Hunde wirklich sichtlich nicht mit der Situation zurechtkommt und Hilfe zu benötigen scheint, sollte der Besitzer grundsätzlich eingreifen.

Spiel dagegen erkennen Sie sehr zuverlässig an den folgenden Merkmalen:

- Die Hunde haben eine ganz weiche Körperhaltung. (Manche Hunde haben aber von Natur aus etwas mehr Spannung in der Muskulatur – viele Terrier zum Beispiel. Dennoch wirkt auch ein spielender Terrier weicher als ein schlecht gelaunter.)

- Oft wird die typische „Vorderkörpertiefstellung“ als Aufforderung zum Spiel gezeigt.
- Die Bewegungen sehen übertrieben und sehr großzügig aus (große Sprünge, Kopf hin und her werfen, wilde Drehungen, die den anderen zum Spielen auffordern ...)
- Die Mimik ist ebenfalls übertrieben und wirkt „albern“. Dabei können zwar viele Zähne gezeigt werden, jedoch bleibt die Muskulatur ansonsten entspannt. Wer genau hinschaut, sieht hier zum Beispiel den albern anmutenden Blick des Schäferhundes und die weit geöffneten Augen – dieser Hund spielt:

- Bisse sind stark gehemmt und es findet keine wirkliche Verletzung und kein schmerzhaftes Zubeißen statt. (Welpen lernen diese Beißhemmung noch und machen Fehler: Hier kann es auch ab und an zu kleinen Auseinandersetzungen kommen.)
- Rollenwechsel: Meistens finden Wechsel statt, sodass der eine mal den anderen jagt und dann die Rollen von Jäger und Gejagtem wechseln. Ebenso ist bei Kampfspielen immer mal der eine und mal der andere Welpe oben bzw. unten.

  Da einige Welpen sich aber lieber jagen lassen, als selbst zu jagen, und manche Hunde auch beim Kampfspiel lieber auf dem Rücken herumrollen, als selbst oben zu stehen, kann es hier Ausnahmen geben!

- Die Spielpartner können sich jederzeit wieder aus dem Spiel entfernen und nehmen freiwillig am Spiel teil.

Tipp:

Wenn Sie unsicher sind, ob das, was Sie sehen, noch Spiel ist, halten Sie doch den vermeintlich überlegenen Hund einmal fest und beobachten Sie den Ihrer Vermutung nach unterlegenen. Nimmt letzterer von selbst wieder Kontakt auf, dann nimmt er freiwillig am Spiel teil und Sie können beide Hunde wieder laufen lassen.

Vorsicht:

Wenn Sie zwei junge Hunde zusammenlassen und diese einen sehr großen Unterschied in Ihrer Entwicklung aufweisen, seien Sie anfangs etwas wachsam: Manche Junghunde verhalten sich Welpen gegenüber eher rüpelig. Auch sollten Sie nicht vergessen, dass eine Deutsche Dogge einem Chihuahua-Welpen körperlich so stark überlegen ist, dass eine falsche Bewegung seitens des sehr großen Hundes unter Umständen schon recht eindrucksvolle Folgen haben kann. Natürlich können Sie auch unterschiedlich große Hunde wunderbar gemeinsam spielen lassen – denn auch das gehört zum Lernen dazu –, seien Sie lediglich etwas wachsam und stellen Sie sicher, dass das Spiel von beiden Seiten gewollt ist.

Stimmung und Stimmungsübertragung

Viele Hunde sind sehr sensibel für die Stimmung des Menschen. Das bedeutet, dass wir aktiv Einfluss darauf nehmen, ob und wie sehr sich unsere Hunde aufregen und wie sie mit schwierigen Situationen umgehen. Generell ist es für jeden Welpen gut, wenn der Mensch in der Lage ist, Ruhe auszustrahlen. Vor allem in unübersichtlichen Situationen und Momenten, die den Welpen verunsichern.

Natürlich dürfen Sie im Spiel mit dem Welpen auch selber ausgelassen und fröhlich sein. Und selbstredend ist es völlig in Ordnung, selbst nicht immer nur Ruhe auszustrahlen. Wenn es Ihnen aber gelingt, sich selbst etwas zu regulieren, wenn Ihr Welpe einmal sehr unruhig wird, dann hilft ihm das sehr!

Zum Beispiel dann, wenn er einmal Angst hat, unsicher ist, groben Unfug macht, in Arme und Beine beißen will oder in anderer Weise aufgedreht ist. Wann immer die Aufregung kein ausgelassenes Fröhlichsein bedeutet, sondern mit Stress oder Frust einhergeht: Dann braucht Ihr Welpe einen Fels in der Brandung! Und dieser können Sie sein, indem Sie schlichtweg nicht die Stimmung des Hundes annehmen, sondern Ruhe bewahren und durch diese innere Haltung signalisieren: „Ich bin bei dir, wir bekommen das schon hin!"

Überdrehte Welpen – Maßvoller Umgang mit neuen Lernerfahrungen!

Da wir im vorangegangenen Abschnitt bereits von Aufregung gesprochen haben: Wie ist das eigentlich mit dem typischen Bild eines Welpen, der völlig ausflippt?

Hiermit sind nicht die „dollen 5 Minuten" gemeint, in denen Welpen gerne einmal etwas in den Fang nehmen und fröhlich in alle Richtungen rasen, sich überschlagen und sowieso vor allem besonders niedlich wirken. Ich meine an dieser Stelle den Welpen, der nicht aufhört, in Ihre Hose zu beißen, den halben Haushalt auseinandernehmen zu wollen scheint, bellt, knurrt und trotz allem doch eigentlich müde sein müsste.

Ähnlich wie kleine Kinder können auch Welpen einfach überreizt sein. Wenn es vorkommt, dass Ihr Welpe sich gar nicht mehr beruhigen kann und ganz außer sich zu sein scheint, muss dies nicht zwingend bedeuten, dass all Ihre Erziehungsversuche scheitern! Vielmehr ist es häufig der Fall, dass der Welpe schlichtweg zu vielen spannenden Umwelteindrücken ausgesetzt war und nun, wie ein müdes Kind, das wild durch das Haus tobt, nicht zur Ruhe findet.

Versuchen Sie daher unbedingt, Ihrem Welpen ausreichend Pausen einzuräumen. Es kann außerdem helfen, wenn Sie statt sehr aufregender Aktivitäten eher ruhige wählen, Suchspiele mit Ihrem Welpen machen oder Übungen durchführen, die ein gewisses Maß Konzentration verlangen – das macht den Welpen auch vom Kopf her müde, ohne ihn aufzupushen.

Kleine Abenteuer auf dem Spaziergang

Wenn Sie mit Ihrem Welpen unterwegs sind, können Sie jederzeit kleine und große Abenteuer einbauen, um Ihre Bindung zu stärken und dem Welpen Selbstvertrauen zu geben! Seien Sie kreativ und unterstützen Sie ihn dabei, neue Lernerfahrungen zu machen!

Hierbei können Sie wunderbar mit Leckerchen arbeiten, um Ihrem Hund einen kleinen Anreiz zu bieten, neue Gegenstände zu erkunden oder ungewohntes Terrain zu betreten. Einzige Ausnahme: Wenn Ihr Welpe sich wirklich nicht traut und Sie ihn mit Engelszungen zu überzeugen versuchen, so kann dies auf den Hund auch alarmierend wirken: „Warum verhält sich mein Mensch jetzt so komisch? Hier stimmt doch etwas nicht ..." Dann ist es zielführender, die Übung zu vereinfachen, mit einem Erfolg zu beenden und sich dann in den nächsten Tagen langsam zu steigern. Zum Beispiel, wenn sich Ihr Welpe nicht traut, ein Gitter zu betreten. Dann legen Sie das Leckerchen einfach näher an den Rand, sodass er nicht mit allen Vieren darauf muss – und versuchen Sie es am nächsten Tag erneut. In aller Regel klappt es dann ganz schnell.

Beispiele:

- auf einem Baumstamm balancieren
- einen kleinen Bach durchqueren
- eine Knisterfolie betreten
- über ein Gitter laufen
- einige Treppenstufen gehen
- neue Gegenstände kennenlernen (Nachbars Mülltonne, Schneemänner)

Begegnungen mit Mensch und Tier

Wir haben in den vergangenen Kapiteln häufig das Thema „Orientierung“ angesprochen. Hunden tut es sehr gut, wenn sie wissen, an welche Regeln sie sich halten und an wem sie sich orientieren können. Hierzu gehört auch, dass sie von Anfang an lernen sollten, wer in sozialen Situationen die Entscheidungen trifft. Und zwar schon aus dem einfachen Grund, dass unser Gegenüber nicht immer Kontakt wünscht! Ein weiterer großer Vorteil betrifft alle Hunde, die Fremden gegenüber eher misstrauisch oder argwöhnisch sind. Dies merken Sie im Welpenalter vielleicht noch nicht, doch mit dem Eintreten der Pubertät können hier erste Schwierigkeiten entstehen. Wenn diese Hunde von Beginn an lernen, dass sie bei Begrüßungen entspannt abwarten sollen und nicht in der Verantwortung für die Regelung von Kontakten sind, laufen Sie weniger Gefahr, dass irgendwann Ihr Hund entscheiden möchte, ob Sie sich mit Ihrem Gegenüber unterhalten dürfen – oder nicht!

Dem Welpen schon jetzt beizubringen, sich in Begrüßungssituationen erst einmal zurückzunehmen, ist relativ einfach: Die am einfachsten umzusetzende Methode besteht darin, sich nicht vom Welpen an der Leine zu anderen Menschen und Tieren hin ziehen zu lassen.

Wenn Sie nun jemandem begegnen, den Sie kennen und den Sie gerne begrüßen möchten, dann gehen Sie einfach wie folgt vor:

- Bleiben Sie in einem kleinen Sicherheitsabstand von 1–1,5 Metern stehen. (Damit Ihr Welpe nicht einfach zu der anderen Person laufen kann.)
- Stellen Sie Ihren Fuß auf die Leine, sodass der Welpe entspannt stehen und sitzen, aber nicht loslaufen kann.
- Sagen Sie der entgegenkommenden Person Bescheid: „Hi, schön dich zu sehen! Warte bitte einen Moment, bevor du den Hund begrüßt. Er soll kurz abwarten, bevor er einfach zu Menschen läuft.“
- Führen Sie ein kurzes Gespräch mit Ihrem Gegenüber und warten Sie ab, bis Ihr Welpe entspannt neben Ihnen sitzt oder liegt.

- Lockern Sie die Leine und geben Sie Ihr „Okay“: Nachdem Ruhe eingekehrt ist, darf er natürlich gerne auch zur Begrüßung zum anderen Menschen.

Dies ist der ideale Ablauf – das Leben (und die Menschen, denen Sie begegnen) spielen hier nicht immer perfekt mit. Im besten Falle schaffen Sie es trotzdem, dass Ihr Gegenüber kurz wartet und sich nicht sofort mit dem Hund beschäftigt. Unbewusst belohnen die meisten Menschen beim Anblick eines Welpen nämlich mehr oder weniger direkt dessen aufgeregtes Verhalten, weil sie den kleinen Hund süß finden und sich Kontakt wünschen. Das ist nicht immer sehr zielführend und wir tun gut daran, den anderen so freundlich wie möglich zu vermitteln, dass der Welpe ein kurzes Abwarten lernen soll.

Grundsätzlich sollten Sie Ihren Welpen an der Leine auch nicht zu anderen Hunden lassen – Menschen angeleint zu begrüßen, ist nicht unbedingt ein Problem, aber direkter Kontakt zwischen zwei Hunden sollte möglichst leinenlos stattfinden. An der Leine sind die Kommunikationsmöglichkeiten sehr eingeschränkt, es entstehen schnell Verknotungen und wir schüren mitunter eine Erwartungshaltung beim Hund, der fortan glaubt, andere Hunde seien immer mit Aufregung verbunden: Hunde, die als Welpen immer an der Leine zu anderen Hunden dürfen, bekommen tendenziell mehr Probleme mit der Leinenführigkeit und auch mit einer möglichen Leinenaggression. Denn wenn Ihr Hund standardmäßig alles darf und es dann irgendwann einmal doch nicht möglich ist, kann der hierbei entstehende Frust in Aggressionsverhalten umschlagen. Wenn Welpen aber von Beginn an wissen, dass Kontakt an der Leine sowieso nicht stattfindet, stellt sich eine gewisse Entspannung ein, von der wir dann später auch profitieren.

Selbiges gilt für den Kontakt mit anderen Tieren: Um mit Pferden, Schafen und Hühnern später gelassen umgehen zu können, ist es absolut nicht notwendig, den Hund in direkten Kontakt treten zu lassen! Hunde haben eine sehr gute Nase und müssen nicht direkt an einem anderen Lebewesen schnüffeln, um dieses später einordnen zu können. Es reicht, wenn Sie in einigen Metern Entfernung stehenbleiben und sich das Tier gemeinsam ansehen. Wenn ein unaufgeregter Kontakt möglich ist und sich Ihr Welpe ruhig verhält, ist gegen direkten Kontakt nichts einzuwenden. Zeigt er sich dagegen aufgeregt, ist das Einhalten eines Abstands deutlich zielführender – schließlich sollen unsere Hunde lernen, entspannt mit anderen Tieren umzugehen.

Umgang mit Ängsten

Ungünstigerweise verhalten wir uns oft intuitiv falsch, wenn der Welpe Angst hat oder Angst zu haben scheint.

Zum einen verwechseln viele das Demutsverhalten mit Angst, zum anderen ist übertriebenes Mitleid in beiden Fällen kein guter Ratgeber. Das Zeigen aktiver und passiver Demut, das auch gerne einfach nur als „Unterwerfen" bezeichnet wird, ist ein normales Verhalten unter Hunden. Leider würde eine genaue Ausführung aller diesbezüglichen Details den Rahmen des Buches bei weitem übersteigen – aber: Die Übergänge können fließend sein und für Sie ist vor allem wichtig, eine Idee davon zu bekommen, dass ein Hund auch „ängstlich" aussehen kann, ohne es im eigentlichen Sinne zu sein.

Wird Ihr Welpe zum Beispiel von einem anderen Hund zurechtgewiesen oder beschnüffelt, so kann es sein, dass er sich kleinmacht, die Rute einklemmt und die Ohren anlegt. Oftmals wird dies so interpretiert, dass der Hund Angst habe! Dies ist in solchen Situationen aber sehr selten der Fall. Hat der Welpe tatsächlich Angst, wirkt er in seiner ganzen Muskulatur wesentlich angespannter und auch der Blick des Welpen zeigt, dass dieser nicht mehr entspannt ist! Richtige Angst sehen wir bei Hunden also weitaus seltener, als die meisten Menschen meinen.

Da eine Unterscheidung zwischen Demut, Angst und Unsicherheit für Sie anfangs nicht ganz einfach ist:

Gehen Sie in jedem Fall davon aus, dass es Ihrem Welpen guttut, wenn Sie sich selbst nicht aus der Ruhe bringen lassen.

Natürlich sollte einem Welpen, der stark bedrängt wird, geholfen werden. Auch wenn sich ein großer, unbekannter Hund sehr plötzlich nähert und Ihr Welpe versucht, sich bei Ihnen zu verstecken, ist dies ein Grund, ihn in Schutz zu nehmen!

Wenn Sie nun jedoch mit Ihrem Welpen unterwegs sind und dieser aufgrund eines ihm unbekannten Umwelteinflusses (laute Musik, „komische" Gegenstände" etc.) ängstlich oder verunsichert wirkt, sollten Sie ihn nicht aus der Situation flüchten lassen, sondern ihm stattdessen Halt und Schutz bieten – in einem Abstand, den er ertragen kann.

Beispiel:

Ihr Welpe ist verunsichert, weil er einen Schützenzug sieht. Er versucht, nach hinten auszuweichen. Hocken Sie sich auf den Boden und nehmen Sie den Welpen schützend zwischen Ihre Beine oder halten Sie ihn neben sich. Bleiben Sie ansonsten ruhig und entspannt.

Dies hilft Ihrem Welpen, die Situation richtig einzuordnen: Er wird in seiner Verunsicherung weder ignoriert und alleine gelassen, noch mit übertriebener Zuwendung oder der gemeinsamen Flucht in seiner Unsicherheit bestätigt.

Wären Sie in diesem Moment mit ihm aus der Situation herausgegangen und hätten Sie Ihren Welpen obendrein stark bemitleidet und getröstet, so hätte er gelernt: „Oha, mein Mensch macht sich auch Sorgen ... Das war also wirklich etwas Gefährliches!"

Die richtige Hundeschule finden

Sie möchten eine Welpengruppe in der Hundeschule besuchen? Das ist eine sehr gute Idee! Welpen lernen sehr viel von- und miteinander. Dennoch gilt schon immer: Besser keine Welpengruppe als eine schlechte!

Eine gute Hundeschule erkennen Sie zunächst einmal schon daran, dass Sie sich wohlfühlen und Fragen stellen dürfen! Sind diese Grundvoraussetzungen nicht erfüllt, dürfen Sie getrost wieder gehen und nach Alternativen Ausschau halten. Weitere mögliche Merkmale einer guten Welpengruppe sind folgende:

- Pro Trainer gibt es maximal 6–8 Welpen.
- Das Verhalten der Welpen wird erklärt.
- Der Trainer zeigt alltagstaugliche Tricks und Kniffe, z. B. wie man seinen Welpen vor anderen Hunden abschirmen kann, wenn kein Kontakt gewünscht ist.
- Es wird nicht nur getobt, sondern auch Ruhe gelernt.
- Es wird verhindert, dass einzelne Welpen zu sehr bedrängt werden (insbesondere sehr junge oder kleine Welpen und Neuankömmlinge).
- Kurze Auseinandersetzungen zwischen ähnlich starken Welpen werden zugelassen. (Auch angemessenes Aggressionsverhalten, Demut etc. müssen gelernt werden.)
- Es gibt erste Tipps und Hinweise für die Erziehung (richtiges Ableinen, Rückruf, Leinenführigkeit, Grundkommandos ...).

Außerdem ist es vorteilhaft, wenn der Trainer eine fundierte Ausbildung oder regelmäßige Seminarbesuche und Fortbildungen vorweisen kann. Oft lassen sich diese Infos auch auf den Internetseiten der Hundeschulen finden.

Auch Hundevereine bieten teils gute Welpengruppen an. Hier sind es jedoch nur selten wirklich professionell ausgebildete Trainer, die die Stunden betreuen und anleiten – die Qualität steht und fällt dann mit dem jeweiligen Engagement der einzelnen für Sie zuständigen Personen.

Exkurs: Gewaltfreie Hundeerziehung?

Sehr häufig wird geworben mit „gewaltfreier Hundeerziehung“ – oft in Verbindung mit dem ausschließlichen Arbeiten mit positiver Verstärkung. Aber was ist eigentlich Gewalt und warum wird dieser Begriff in der Hundeerziehung so oft verwendet?

Zum einen sollten wir uns vielleicht darauf einigen, dass derjenige, dem die „Gewalt“ widerfährt, auch derjenige sein sollte, der definiert, ob es sich um Gewalt handelt – oder eben nicht. Meine persönliche Auffassung ist, dass Gewalt da anfängt, wo Kommunikation aufhört und Strafe willkürlich, unangemessen und tierschutzwidrig erfolgt. Denn Strafe an sich findet bereits dann statt, wenn wir dem Hund lediglich die Aufmerksamkeit entziehen (siehe Kapitel „Lernen“).

Es wird Ihnen nicht entgangen sein, dass wir aus genau jenem Grund in diesem Buch offen mit den Themen „Belohnung“ und „Strafe“ umgegangen sind. Denn, lerntheoretisch gesehen, findet beides in der Hundeerziehung statt – immer wieder und unvermeidbar. Vielleicht stoßen auch Sie in Ihrem Alltag hin und wieder auf Ansichten zur Hundeerziehung, bei denen jede Form der Strafe abgelehnt wird. Da wir im Kapitel zum Thema „Lernen“ bereits erfahren haben, dass ein Nichtvorhandensein von Strafe recht unrealistisch ist, können wir diese Thematik mit einer gewissen professionellen Distanz betrachten.

Sie werden nicht zum Gewalttäter, weil Sie Ihrem Hund Aufmerksamkeit entziehen, ihn in bestimmten Situationen anleinen, körpersprachlich wegschicken oder sich in einigen Momenten notwendigerweise körperlich Abstand verschaffen. Wenn Ihr Junghund Sie anspringt und Sie dies nicht möchten, haben Sie selbstverständlich das Recht, dies auch zu beantworten.

Die Frage ist viel eher, was verhältnismäßig ist, Sinn ergibt und vom Hund verstanden sowie umgesetzt werden kann.

Mir ist es daher ein Anliegen, an dieser Stelle noch einmal deutlich zu sagen, dass Sie sich als Welpen- und bald als Junghunde-Besitzer an vielen Stellen auch auf Ihr Bauchgefühl verlassen dürfen und dass Ihre Bindung und Beziehung zum Hund zu keinem Zeitpunkt geschädigt wird, nur weil Sie Ihrem berechtigten Unmut einmal Ausdruck verliehen haben.

In letzter Zeit wird immer häufiger die Ansicht vertreten, es sei dem Hund gegenüber fairer und freundlicher, mithilfe von Leckerchen und Clickertraining jegliches Fehlverhalten abzutrainieren, als Konflikte mit dem Hund auch als solche anzunehmen und zu klären.

Ganz zu Beginn des Buches hatte ich bereits erwähnt, dass es zwei Extreme in der Hundeerziehung gibt und die Wahrheit irgendwo dazwischen liegt. Weder Belohnung noch Bestrafung sind partout etwas Gutes oder Schlechtes. Wir wünschen uns Hunde, die sowohl gewisse Grenzen akzeptieren, als auch freundlich, offen und selbstbewusst durchs Leben gehen. Und genau das erreichen wir, indem wir unsere Welpen darin bestärken, viele positive Erfahrungen zu machen – und an einigen Stellen Regeln einzuhalten.

Falsch ist es dabei, jeden Hund auf die gleiche Art und Weise erziehen zu wollen, ohne seinen Charakter mit einzubeziehen. Falsch ist auch, dem Hund körperlichen Schaden zuzufügen oder ihn unangebracht hart zu behandeln – insbesondere bei Welpen! Aber ebenso dramatisch ist es, wenn wir das Kommunikationsbedürfnis unserer Hunde und die vielen Nachfragen unserer Welpen einfach ignorieren. Welpen suchen nach Grenzen, nach Orientierung. Sie stellen uns jeden Tag aufs Neue die Frage, ob das, was gestern galt, auch heute noch Bestand hat. Und diese Beständigkeit macht uns zu verlässlichen Sozialpartnern.

Sie dürfen daher sehr gerne selbst darüber urteilen, ob Sie es als Gewalt empfinden, wenn Sie als Welpenbesitzer den Sie mit seinen Zähnen löchernden jungen Hund auch einmal körper(sprach)lich auf Abstand bringen, danach aber erneut zum Spiel übergehen und Ihrem Welpen so ermöglichen, aus Erfahrung zu lernen und in der Folge wieder fröhlich und freundlich Zeit miteinander zu verbringen.

Hunde untereinander werden mitunter sehr harsch und eindeutig, wenn es um das Aufzeigen von Grenzen geht! Wir müssen nicht genauso reagieren, denn als Menschen haben wir einen anderen Handlungsspielraum. Aber wir sollten Grenzen setzen. Und dies ist mitnichten Gewalt, es ist fair allen Beteiligten gegenüber. Was

Sie dabei definitiv nicht brauchen, sind große Gesten wie einen „Alphawurf“, bei dem der kleine Hund zur Bestrafung auf den Rücken gedreht und fixiert wird. Aber selbstredend dürfen Sie ungewünschtes Verhalten nicht einfach „weg-ignorieren“, denn es wird von alleine wahrscheinlich nicht verschwinden.

Umgang mit Konflikten

Wie im vorausgegangenen Absatz bereits angerissen wurde, sind Konflikte dazu da, gelöst zu werden. Kennen Sie diese merkwürdigen Momente, die manchmal auf Familienzusammenkünften entstehen? Wenn wir genau spüren, dass es zwischen einzelnen Personen Konflikte gibt, diese aber irgendwie umgangen oder ignoriert werden?

Das passiert, wenn Konflikte nicht ganz ausgetragen und geklärt werden. Und meistens ist es gut, bestehende Probleme einmal zu besprechen, die Fronten zu klären und danach wieder lachend gemeinsam am Tisch zu sitzen.

In der Hundeerziehung läuft es manchmal ähnlich: Vieles kann wunderbar mit Belohnungen trainiert werden – und insbesondere im Welpenalter liegt unser Fokus auch ganz genau darauf! Und dennoch wird es Momente geben, in denen Sie mit Ihrem Hund einen Konflikt auszutragen haben. Sollte es also passieren, dass Ihr Junghund Sie infrage stellt und knurrt, wenn Sie gerne das Sofa selber nutzen möchten, dann ist dies ein Konflikt. Ganz eindeutig! Wer nun langsam rückwärtsgeht und das Thema einfach nicht mehr auf den Tisch bringt, indem er den Platz auf dem Sofa für immer aufgibt, hat nichts erreicht, sondern lediglich ein Problem umschifft.

Und dann haben wir sie, diese komische Situation, bei der etwas unausgesprochen ist, aber dennoch vor sich hin schwelt, schlechte Gefühle macht und nie ganz geklärt ist – bis der Hund vielleicht auf die Idee kommt, dass auch noch andere Dinge als das Sofa seinem Verantwortungsbereich unterstehen.

Machen Sie sich an dieser Stelle erst einmal keine Sorgen darum, dass Ihr Hund irgendwann einmal Aggressionsverhalten Ihnen gegenüber zeigen könnte. Aber es kann natürlich passieren – und das ist je nach Hund, Mensch und Hund-Mensch-Beziehung auch recht normal und bedarf lediglich einer vernünftigen Klärung! Überlegen Sie sich nur schon einmal im Vorhinein, ob Sie Konflikte annehmen und angemessen klären – oder den Umgang mit ihnen lieber auf das ausschließliche Vermeiden beschränken wollen.

Wahrscheinlich werden die Konflikte, die Ihnen begegnen, aber augenscheinlich weniger problematischer Natur sein: Schlichtes Ignorieren von Kommandos und andere größere und kleinere Verhaltensauffälligkeiten kommen nämlich spätestens dann auf Sie zu, wenn das Ende der Welpenzeit erreicht ist.

Auf in die Pubertät – Überleben für Pubertier-Halter

Meistens beginnt diese Phase zwischen der 16. und 20. Lebenswoche. Der Welpe scheint vergessen zu haben, was er gelernt hat. Es stimmt, dass nun eine Reihe von Umstrukturierungsprozessen im Gehirn stattfindet, bei denen auch so manches aussortiert wird. Was diese Zeit überdauern wird, ist alles, was Sie jetzt konsequent weiterführen. Meinungsverschiedenheiten in dieser Zeit zu ignorieren und zu hoffen, dass der Gehorsam schon irgendwann wiederkommt, ist leider wenig zielführend.

Ein pubertierender Junghund testet allerdings nicht in bösem Willen seine Grenzen aus. Dementsprechend ist es auch nicht richtig, nun wieder einmal die Übernahme der Weltherrschaft seitens des Hundes zu fürchten. Vielmehr gehen Sie jetzt über in eine Zeit, in der auch der Hund selbst manches Mal überfordert ist.

Hormonelle Veränderungen machen ihm das Leben schwer. Im Gehirn ist jetzt vor allem der Teil aktiv, der Emotionales beinhaltet. Zeitgleich gönnt sich derjenige Bereich, der für Vernunft und die Regulation emotionaler Ausbrüche zuständig ist, eine Auszeit. Das Resultat kennen wir bereits von menschlichen Teenagern:

Lederjacken, übertrieben wirkendes Werben um Geschlechtspartner und unkontrollierte Ausraster mit viel Emotion und wenig Vernunft – ganz normal, oder? In dieser Zeit brauchen wir sowohl eine gute Portion Nachsicht als auch Konsequenz und Unbeständigkeit. „Nein" heißt auch jetzt noch „Nein". „Hier!" heißt auch jetzt noch „Hier!" – und einmal ausgesprochen, sollte die Umsetzung auch eingefordert werden. Jedoch sollten Sie versuchen, vor allem im Blick zu behalten, was Ihr Hund nun überhaupt noch leisten kann! Einen jungen Rüden vom Beschnüffeln des Urins einer läufigen Hündin abzurufen, ist eine echte Herausforderung. Vielleicht lassen Sie in dieser Zeit doch lieber einmal Fünfe gerade sein und holen den jungen Hund ohne viel Theater mit der Leine ab.

Andererseits wird es Ihnen passieren, dass Sie rufen und Ihr Junghund Sie spitzbübisch anzuschauen scheint, nur um dann auf dem Absatz kehrt zu machen. In allen Variationen zu beschreiben, wie man in derlei Situationen reagieren könnte, ist an dieser Stelle kaum möglich – auch weil jeder Hund anders ist. So viel sei aber gesagt: In diesem Moment dürfen Sie Ihren Unmut durchaus zeigen. Es ist auch völlig legitim, einen betont forschen Schritt auf den Hund zuzumachen und ihn mit strengem Ton anzusprechen, wenn er sich ganz offenkundig dagegen entscheidet, zu hören! Vor allem dann, wenn Sie im Alltag nicht oft laut werden, hat schon eine kleine Rüge einen deutlichen Effekt. Wichtig ist, dass Sie postwendend wieder freundlich sind und Ihren Hund nett zu sich einladen, sobald er sich Ihnen wieder zuwendet und ein erstauntes Gesicht über Ihre schlechte Laune macht. So hat er eine Chance, zu lernen, was falsch und was richtig ist.

Es gibt unzählige Beispiele für Situationen, in denen Ihr Junghund Sie nun infrage stellen oder schlichtweg aus der Aufregung heraus nicht hören wird. Dass sich parallel dazu auch sein Radius vergrößert und er sich immer weiter von Ihnen wegzulaufen traut, macht die Sache nicht unbedingt leichter. Wer sich unsicher ist, sollte in Zeiten wie diesen zur Schleppleine greifen und weiterhin viel trainieren.

Die Zeit geht vorbei, ganz bestimmt. Manche Hunde sind bereits mit einem Jahr fast erwachsen, andere benötigen mehr als zwei Jahre Zeit. Dies kommt auf die Rasse an – und in all der Zeit werden Sie immer einmal bessere und auch schlechtere Phasen haben. Nehmen Sie es mit Humor und bleiben Sie standhaft. Die Zeit spielt für Sie!

Schlusswort

Ein Buch wie dieses könnte noch viele, viele Kapitel mehr beinhalten. Die Hundeerziehung ist ein so unglaublich großes und komplexes Thema, dass es unzählige Autoren mit unterschiedlichen Ansichten gibt – und ganze Studienreihen zum Verhalten von Wölfen und Haushunden.

Das Ziel dieses Buches ist daher, Ihnen genau das Handwerkszeug zu geben, das Sie als Welpenbesitzer benötigen: Auch Anfänger sollten eine Chance haben, von Anfang an (fast) alles richtig zu machen. Ich hoffe, dies ist gelungen und Sie haben beim Lesen vieles über Welpen und vielleicht auch ein bisschen über sich selbst gelernt.

Hunde sind wunderbare Begleiter! Sie machen uns riesengroßen Spaß, bringen Licht in trübe Tage, treiben uns an die frische Luft, lassen auf der Straße neue Sozialkontakte entstehen ... Sie bringen uns zum Lachen und manchmal zum Weinen (insbesondere in der Welpenphase, in der ihnen Teile des Haushalts zum Opfer fallen). Das ist ganz normal und das Schicksal eines jeden Welpenbesitzers – selbst bei erfahrenen alten Hasen und Hundetrainern!

Lassen Sie sich daher nicht entmutigen, auch wenn die Zeit mit Ihrem Hund manchmal anstrengend sein kann! Mit der richtigen Erziehung wird auch Ihr kleiner Hund zu genau dem angenehmen Begleiter, den Sie sich wünschen.

Und genau das sollten Sie mit Ihrem Welpen erreichen: ein Team zu werden und eine gute, vertrauensvolle Beziehung aufzubauen! Hierbei wünsche ich Ihnen ganz viel Erfolg und hoffe, dass Sie mit Ihrem Welpen eine wundervolle Zeit und ganz viel Spaß haben werden.

Ich bedanke mich ganz herzlich bei Ihnen für Ihr Vertrauen – und dafür, dass Sie dieses Buch in Händen halten und gelesen haben!

Wenn Sie sich eine Visualisierung aller Übungen und noch viele weitere Trainings- und Lerninhalte wünschen, dann finden Sie außerdem über diesen QR-Code Ihren Weg zum Online-Kurs:

Senden Sie über die dort hinterlegten Kontaktdaten außerdem Ihre Rechnung für das Buch mit ein, erhalten Sie 20 % Preisnachlass!

https://www.die-online-hundeschule.de/deine-online-welpenschule/

Liebe Leserin, lieber Leser,

hat Ihnen dieses Buch gefallen? Wir freuen uns über Ihre Verbesserungsvorschläge, Kritik und Fragen zum Buch.

Die Meinung und Zufriedenheit unserer Leserinnen und Leser ist uns sehr wichtig.

Kontaktieren Sie uns deshalb gerne und schreiben uns eine E-Mail an ***feedback@eulogiaverlag.de***

Wir freuen uns auf Ihre Nachricht.

Herzlichst

Ihr Eulogia Verlags Team